U0257336

中国西藏重点水域渔业资源与环境保护系列丛书

丛书主编：陈大庆

怒江西藏段
渔业资源与环境保护

陈大庆　刘明典　朱峰跃　等◎著

中国农业出版社

北　京

图书在版编目（CIP）数据

怒江西藏段渔业资源与环境保护 / 陈大庆等著. --
北京：中国农业出版社，2023. 12
（中国西藏重点水域渔业资源与环境保护系列丛书 /
陈大庆主编）
ISBN 978-7-109-31636-2

Ⅰ. ①怒… Ⅱ. ①陈… Ⅲ. ①怒江－水产资源－研究
－西藏②怒江－环境保护－研究－西藏 Ⅳ. ①S922.75

中国国家版本馆 CIP 数据核字（2024）第 018477 号

怒江西藏段渔业资源与环境保护
NUJIANG XIZANGDUAN YUYE ZIYUAN YU HUANJING BAOHU

中国农业出版社出版
地址：北京市朝阳区麦子店街 18 号楼
邮编：100125
责任编辑：王金环 蔺雅婷
版式设计：杜 然 责任校对：吴丽婷
印刷：北京通州皇家印刷厂
版次：2023 年 12 月第 1 版
印次：2023 年 12 月北京第 1 次印刷
发行：新华书店北京发行所
开本：787mm×1092mm 1/16
印张：12 插页：4
字数：280 千字
定价：98.00 元

丛书编委会

科学顾问：曹文宣　中国科学院院士

主　　编：陈大庆

编　　委（按姓氏笔画排序）：

马　波　　王　琳　　尹家胜　　朱挺兵

朱峰跃　　刘　飞　　刘明典　　刘绍平

刘香江　　刘海平　　牟振波　　李大鹏

李应仁　　杨瑞斌　　杨德国　　何德奎

佟广香　　陈毅峰　　段辛斌　　贾银涛

徐　滨　　霍　斌　　魏开金

本书著者名单

陈大庆　刘明典　朱峰跃　刘绍平
段辛斌　汤　婷　汪登强　田辉伍
邓华堂　王　起　李　钊　徐玮彤
左　硕　黄　翠　张　杰　张俊英
马荣俊

丛书序

青藏高原特殊的地理和气候环境孕育出独特且丰富的鱼类资源，该区域鱼类在种类区系、地理分布和生态地位上具有其独特性。西藏自治区是青藏高原的核心区域，也是世界上海拔最高的地区，其间分布着众多具有全球代表性的河流和湖泊，水域分布格局极其复杂。多样的地形环境、复杂的气候条件、丰富的水体资源使西藏地区成为我国生态安全的重要保障，对亚洲乃至世界都有着重要意义。

西藏鱼类主要由鲤科的裂腹鱼亚科以及鳅科的高原鳅属鱼类组成。裂腹鱼是高原鱼类典型代表，具有耐寒、耐碱、性成熟晚、生长慢、食性杂等特点，集中分布于各大河流和湖泊中。由于西藏地区独有的地形地势和显著的海拔落差导致的水体环境差异，不同水域的鱼类区系组成大不相同，因此西藏地区的鱼类是研究青藏高原隆起和生物地理种群的优质对象。

近年来，在全球气候变化和人类活动的多重影响下，西藏地区的生态系统已经出现稳定性下降、资源压力增大及鱼类物种多样性日趋降低等问题。西藏地区是全球特有的生态区域，由于其生态安全阈值幅度较窄，环境对于人口的承载有限，生态系统一旦被破坏，恢复时间长。高原鱼类在长期演化过程中形成了简单却稳定的种间关系，不同鱼类适应各自特定的生态位，食性、形态、发育等方面有不同的分化以适应所处环境，某一处水域土著鱼类灭绝可能会导致一系列的连锁反应。人类活动如水利水电开发和过度捕捞等很容易破坏鱼类的种间关系，给土著鱼类带来严重的危害。

由于特殊的高原环境、交通不便、技术手段落后等因素，直到 20 世纪中期我国才陆续有学者开展青藏高原鱼类研究。有关西藏鱼类最近的一次调查距今已有 20 多年，而这 20 多年也正是西藏社会经济快速发展的时期。相比 20 世纪中期，现今西藏水域生态环境已发生了显著的变化。当前西藏鱼类资源利用和生态保护与水资源开发的矛盾逐渐突出，在鱼类自然资源持续下降、外来物种入侵和人类活动影响加剧的背景下，有必要系统和深入地开展西藏鱼类资源与环境的全面调查，为西藏生态环境和生物多样性的保护提供科学支撑；同时这也是指导西藏水资源规划和合理利用、保护水生生物资源和保障生态西藏建设的需要，符合国家发展战略要求和中长期发展规划。

"中国西藏重点水域渔业资源与环境保护系列丛书"围绕国家支援西藏发展的战略方针，符合国家生态文明建设的需要。该丛书既有对各大流域湖泊渔业资源与环境的调查成果的综述，也有关于西藏土著鱼类的繁育与保护的技术总结，同时对于浮游动植物和底栖生物也有全面系统的调查研究。该丛书填补了我国西藏水域鱼类基础研究数据的空白，不仅为科研工作者提供了大量参考资料，也为广大读者提供了关于西藏水域的科普知识，同时也可为管理部门提供决策依据。相信这套丛书的出版，将有助于西藏水域渔业资源的保护和优质水产品的开发，反映出中国高原渔业资源与环境保护研究的科研水平。

中国科学院院士

2022 年 10 月

前 言

怒江发源于青藏高原唐古拉山南麓、西藏自治区那曲市安多县境内，流向大体为东南，纵贯云南省西部，在云南省芒市流出国境，出国后称为萨尔温江，流经缅甸、泰国后注入印度洋的安达曼海。怒江流域地势西北高、东南低，自西北向东南倾斜，地形、地貌复杂，高原、高山、深谷、盆地交错，我国习惯以西藏林芝察隅县色邑达和云南六库为分界点，将怒江干流分为上、中、下游三段。怒江流域气候受地形及大气环流影响，比较复杂：上游气候高寒，冰雪期长；中游山高谷深，垂直气候特征显著，变化复杂；下游地势较低，受西南海洋季风影响，炎热多雨。多年平均气温南北相差悬殊，从上游向下游递增。

国家一直重视西藏的资源环境综合考察，但受青藏高原特殊地理环境以及采样手段的限制，直到1992年才首次开展西藏主要江河湖泊鱼类资源调查工作，并出版了《西藏鱼类及其资源》一书。虽然近一个世纪以来，中外科学家对西藏鱼类进行了多次调查，但由于调查广度和深度的局限，西藏渔业资源调查工作还不够深入和全面，许多水体的渔业资源状况不清楚，且关于怒江西藏段渔业资源及环境状况的调查、研究比临近的其他流域少，所积累的资料也相对较少。

近年来，随着人类对怒江流域的开发利用，其生态状况面临着严重退化的威胁。生物多样性受到严重威胁，如亚洲象、羚羊、雪豹、白眉长猿猴等被列为濒危珍稀动物，怒江特有鱼类中的角鱼、缺须盆唇鱼和长丝黑鲱等被列入《中国濒危动物红皮书》。怒江中下游正在规划进行水电梯级开发。怒江是一条国际河流，水电的开发、水生生物物种多样性保护是国内外社会公众最为关注的热点之一。为了保护怒江水生生物物种资源及栖息地，需要在规划中将怒江水电的开发影响降低到最低程度，维护水生生物多样性及资源的可持续利用。因此，开展怒江水生生物资源的调查研究工作显得尤为重要和紧迫。为此，2017年农业部设立了"西藏重点水域渔业资源与环境调查"专项，重点对怒江等西藏重点水域开展渔业资源与环境调查工作。项目组在充分开展调查的基础上，结合历史文献资料，完成了本书的编写工作。

全书共分九章。第一章与第二章主要介绍区域自然社会环境与资源现状；第三章介绍怒江西藏段饵料生物资源调查结果；第四章主要介绍怒江西藏段渔业经济状况；第五章主要介绍怒江西藏段鱼类种类组成与分布；第六章主要介绍怒江西藏段几种裂腹鱼类的生物学特征、种群结构与资源现状；第七章主要介绍怒江西藏段鱼类栖息地概况；第八章主要介绍怒江西藏段鱼类保护策略与规划；第九章主要介绍怒江西藏段水生态监测体系。

项目执行过程中得到农业农村部计划财务司、科技教育司、渔业渔政管理局、长江流域渔政监督管理办公室，以及中国水产科学研究院、西藏自治区农业农村厅等单位的领导和同仁的大力支持，在此表示诚挚的感谢！向在项目执行中给予大力支持和指导的中国水产科学研究院长江水产研究所的各级领导、专家、同仁表示衷心的感谢！同时，向在漫长的调查过程中参与调查工作的人员以及保证野外考察任务安全、顺利完成的后勤人员表示深深的谢意！

全书由刘明典审核、校对，刘绍平、段辛斌、刘明典、朱峰跃、汤婷统稿，汪登强、田辉伍、邓华堂、左硕等参与部分章节的编写，陈大庆负责定稿。由于调查时间、写作水平有限，书中难免存在一些不妥之处，敬请广大读者和同行批评指正。

著　者

2022 年 12 月 26 日

目 录

中篇 渔业资源

下篇　生态保护

上篇

SHANGPIAN YUYE HUANJING

渔业环境

第一章

绪　论

第一节　怒江流域自然地理概况

怒江发源于青藏高原唐古拉山南麓、西藏自治区那曲市安多县境内，是我国西南地区主要国际河流之一，河源山峰为海拔 6 070 m 的吉热格帕山。怒江源头段称桑曲，桑曲由西南方向注入错那湖、喀隆湖后称为那曲，在比如县附近汇入索曲后始称怒江，流向大体为东南，过察隅察瓦龙后入云南贡山，纵贯云南省西部，流向渐转向南，在芒市流出国境，出国后称为萨尔温江，流经缅甸、泰国入海。在我国境内位于东经 91°08′—100°15′、北纬 23°05′—32°48′，干流全长 2 020 km，天然落差 4 848 m，平均比降 0.24 %（王龙涛，2015）。其中西藏境内 1 401 km，流域面积 103 600 km²（郑海涛，2006）。怒江流域地势西北高、东南低，自西北向东南倾斜。地形、地貌复杂，高原、高山、深谷、盆地交错（刘冬英等，2008）。我国习惯以西藏林芝察隅县色邑达和云南六库为分界点，将怒江干流（境内）分为上、中、下游三段。

怒江流域海拔从源头、上游、中游至下游逐渐下降。以 1 000 m 海拔为划分单元，可将其分割成四级。第一级怒江源头至比如上游段，海拔 4 000~5 000 m；第二级比如上游至马利镇段，海拔 3 000~4 000 m；第三级马利镇至玉曲河上游段，海拔 2 000~3 000 m；第四级察瓦龙上游至下游，海拔 1 000~2 000 m。河流地貌从源头至下游分为四种。第一种怒江源头至比如上游段，为高原平浅谷地河段；第二种比如上游至边坝麦曲段，为宽谷河段；第三种边坝麦曲至马利镇段，为高山峡谷河段；第四种马利镇至察瓦龙下游段，以高山峡谷河段为主，中间夹杂几处宽谷河段。

怒江干流较大的回水湾共 552 个，其中，处于全年河流丰枯水消落区内的有 221 个；自八宿大桥至察瓦龙上游段为回水湾最多的江段，察瓦龙上下游江段为回水湾最少的江段。河流底质差别较大，大致分为六类（泥沙、沙砾、碎石、卵石、石块、石）。河源头即那曲一带以泥沙为主，其次是沙砾；查龙水电站江段以碎石为主，其次为沙砾和卵石；比如江段以卵石为主，其次为碎石；边坝至马利镇江段以石块为主；马利镇下游江段底质由石、卵石、沙砾组成。

怒江上中游地处横断山脉的高山峡谷，由于印度板块和欧亚板块的撞击，在缝合线上形成南北并列的山脉和峡谷，在纵向上形成了生物南来北往的通道。横断山是在热带边缘和亚热带的基础上出现的高山，在垂向形成了比较完整的垂直气候带，这对于动植物的生长非常有利（董哲仁，2005）。上游河段大部穿行于横断山脉的高山峡谷中，水流湍急，险滩栉比，河谷深切，多陡崖。区内发育三级夷平面：Ⅰ级夷平面海拔 5 000~6 000 m，仅局部分布；Ⅱ级夷平面海拔 4 500~5 500 m，分布广，大部分表现为分割的山顶面；Ⅲ级夷平面海拔 4 500 m 以下，主要分布在大河谷两侧肩部或盆地上部（胡涛，2013）。各级夷平面总体表现为向东向南倾斜。调查河段地貌大体可分为藏东高山峡谷区和藏南高山深谷区。沙丁梯级（库尾）以下两岸山丘渐近河床，沿河宽谷与窄谷相间，至加玉桥河段逐渐过渡为峡谷河道（李志雄，2004）。河道高程那曲以上海拔为 4 500～5 360 m；那曲至洛隆海拔为 3 000～4 500 m；洛隆至怒江松塔海拔为 1 700～3 000 m（王龙涛，2015）。

第二节　怒江流域气象、气候特征

一、气候

怒江流域气候受地形及大气环流影响，比较复杂。上游气候高寒，冰雪期长；中游山高谷深，垂直气候特征显著，变化复杂；下游地势较低，受西南海洋季风影响，炎热多雨。多年平均气温南北相差悬殊，从上游向下游递增。怒江上游属高原气候区，河段总体地势高，气候寒冷干燥，昼夜温差大，平均气温低，降水量较少。河源那曲市地处"世界屋脊"青藏高原，为高原湖盆-宽谷地区，河谷海拔高程在 4 500 m 以上，受冷空气的侵袭，气候严寒，冰雪期长，降水量少。由于流域地域广阔，各地区地形、气候及降水差异较大。高山常有积雪和冰川，一般从 10 月底前后开始降雪和冰封，翌年 2 月底或 3 月初开始解冻融化冰雪，至 6 月冰雪大量融化。因流域内高程差异较大，气温垂直分布特点明显。那曲气象站多年平均气温 -1.9 ℃、比如气象站多年平均气温 3.4 ℃、洛隆气象站多年平均气温 5.8 ℃、八宿气象站多年平均气温 10.8 ℃，越向下游，气温越高。流域多年平均相对湿度为 70%～85%（刘冬英等，2008；王龙涛，2015）。

二、径流

怒江干流径流主要来源于降水，其次为融雪补给。西藏地区各气象站多年平均年降水量由上游至下游分别为：那曲气象站 417 mm；比如气象站 586 mm；丁青气象站 634 mm；洛隆气象站 423.4 mm；加玉桥气象站 402 mm；八宿气象站 268.9 mm（刘冬英等，2008）。径流在时间上具有枯、汛期分明，年内分配不均，但年际变化不大的特点。上游区径流补给来源中冰雪融水及地下径流所占比例较大，降雨、冰雪融水和地下径流的补给比例分别为 35%、32%、33%，在时间分布上，冬季以地下径流为主，夏季以降雨和冰雪融水径流为主，降雨的补给量由上游向下游逐渐增加；中游区以降雨补给为主，少量由高山冰雪融水补给。汛期（6—10 月）径流占全年的比重较大，为 74.1%；枯水期（12 月至翌年 2 月）径流占全年径流比重不足 7%。由于流域自然地理和气候复杂多样，形成了径流地区分布的极大差异，年径流量除具有地带性分布规律外，垂直变化也十分明显。在水平分布上是西多东少、南多北少，地带分布呈现明显的高低相间，即河谷小、山顶大的特点。怒江上游绝大部分地区径流深介于 200～400 mm，越往河源越小，其中右岸边坝一带达 800 mm 以上，这与降雨特性相符合（刘冬英等，2008）。

三、洪水

怒江干流洪水由暴雨形成，上游青藏高原区地势高亢、气候干冷，降水强度相对中下游较小，所形成的洪水过程为单峰，一般洪水过程为 15 d 左右。年最大洪峰流量出现在 6—8 月，但多出现在 7 月中旬以后，7—8 月出现概率大。实测最大洪峰流量为 10 400 m^3/s（郑海涛，2006；李志雄，2004）。

四、泥沙

怒江属山区性河流，从流域自然地理及径流特性上看，沙量由上游向下游逐渐增加。河源及上游为雪域高原区，径流补给主要是雪山融水、少量江水和地下水，人类活动主要为游牧，农业比重低，人烟稀少，基本保持着天然状态。流域产沙量不大，为少沙区。怒江上游多年平均输沙量 3.504×10^7 t，悬移质输沙模数为 306 t/（$km^2 \cdot a$）。沙量的年际变幅较水量的年际变幅大；最大年水量 6.938×10^{11} m^3（2000 年），最小年水量 4.005×10^{11} m^3（1986 年），丰枯比为 1.73；最大年沙量 9.019×10^7 t（2003 年），最小年沙量 1.255×10^7 t（1986 年），丰枯比 7.19。水沙年内分配不均，水沙均主要集中在汛期（5—10 月），水流含沙量不大，多年平均含沙量 0.646 kg/m^3，汛期含沙量 0.764 kg/m^3，实测最大断面含沙量 14.2 kg/m^3（1979 年 10 月 8 日）（王龙涛，2015）。

第三节　怒江流域社会经济概况

怒江流域地处偏远，对外交通不便，信息不灵，资源分布时空组合欠佳，加之开发历史较短和科技、教育、文化发展相对滞后，制约了流域经济的快速发展（骆华松等，2005）。

怒江流域西藏段主要包括西藏自治区的那曲市和昌都市 2 个地级市。2020 年，昌都市常住人口为 76.1 万人。全市共设 11 个县（区），即卡若区、贡觉县、江达县、芒康县、边坝县、左贡县、洛隆县、丁青县、察雅县、类乌齐县、八宿县，辖 288 个镇、110 个乡，1 175 个建制村（居），居住着藏、汉、纳西等 41 个民族。截至 2019 年底，全市公路通车总里程达 1.789 万 km，县（区）全部实现通邮，通畅率达到 100%，乡（镇）通达率、通畅率分别达到 100%、93%，行政村（居）通达率达到 100%。为筑牢生态屏障，擦亮生态底色，"十三五"以来，昌都市大力实施造林、护林、还林、还草等国土绿化工程，全面消除了海拔 4 300 m 以下"无树村""无树户"，草原植被、森林覆盖率分别提高到 52.04%、34.78%。全市主要江河干流、流经主要城镇河流和各饮用水水源地水质均达到国家Ⅲ类及以上标准，昌都主城区大气环境质量优良率达到 100%，天蓝地绿水清的优美环境得到全面保护。通过综合施策，截至 2019 年底，实现昌都市 3.84 万户 19.46 万人脱贫，11县（区）全部脱贫摘帽，历史性消除了绝对贫困，人均纯收入达到9 342.35元，比2015年增长了93.2%。

2020年，那曲市常住人口50.48万人。全市共设11个县（区），即色尼区（原那曲县，于2017年10月撤销）、安多县、聂荣县、比如县、嘉黎县、索县、巴青县、申扎县、班戈县、尼玛县、双湖县，辖89个乡、25个镇、1 283个村（居）。截至2019年底，那曲市生产总值157.53亿元，社会消费品零售总额达26.2亿元，农村居民人均可支配收入达12 150元，城镇居民人均可支配收入达37 870元。截至2020年底，那曲市共减贫28 393户136 513人，贫困发生率从2015年底的22.7%降至零，贫困村（居）退出1 173个，1个贫困县、10个深度贫困县（区）全部脱贫摘帽，历史性消除绝对贫困。

怒江上游河段居民绝大部分为藏族，民俗和宗教信仰基本相同。怒江流域在西藏境内基本为牧区，畜牧业比较发达，农业种植以青稞和冬小麦为主，因气候寒冷、干旱、耕种方式落后等原因产量较低。进云南境为农牧混合区，耕地多分布于河谷地带，气候湿润，以农业为主，物产丰富，盛产水稻、棉花、甘蔗和果类，是粮食生产和经济作物区。

怒江流域矿产资源极其丰富，大理石储量大、品种多，铜、锡、盐等矿藏量也十分可观，已探明储量矿种31个。

怒江流域跨西藏自治区的2个地级市和云南省的9个地区（市、州），为多民族聚居地，主要民族有藏族、独龙族、怒族、佤族、傈僳族、彝族、傣族等。流域内人口稀少，总人口约333万人，平均每平方千米不到25人，其中少数民族人口及城镇人口分别占92%和11%。两岸山高坡陡，可耕地面积少，特别是怒江州约98%的面积为高山峡谷，约75%的耕地坡度在25°以上，生存条件十分恶劣。

第四节 怒江流域水能资源

怒江上中游地处横断山脉的高山峡谷，干流落差达4 840 m，水能资源丰富，全流域水能资源理论蕴藏量达4 474万kW，技术可开发量为3 200万kW，其中干流约3 000万kW，占94%（蔡其华，2005）。由于怒江的落差大，又集中在上中游河段，开发的单位千瓦造价低，可以说是我国的一座水电富矿。干流水能资源至今尚未开发，待开发量在国内众多江河中排名第二（董哲仁，2005）。

怒江中下游现今仍维持自然河流流态，怒江中游云南段水电规划已完成，怒江上游已开始规划（王龙涛，2015）。

怒江流域的高等植物和野生脊椎动物物种数分别占我国的20%和25%以上，拥有77种国家级保护动物和34种国家级保护植物。目前全国保存最完好的珍稀野生稻是我国重要且珍贵的基因种质资源。怒江流域是我国三大生物物种聚集中心之一，位居我国 17 个生物多样性保护地区之首。怒江流域丰富的物种资源、自然景观资源和人文资源在我国占有非常重要的地位（钟华平等，2008）。

第五节　三江并流自然景观

在横断山脉峡谷之中怒江与金沙江、澜沧江水流由北向南形成世界上罕见的江水并流而不汇合的奇特自然地理景观，即三江并流。该景观在 2003 年 7 月被联合国教科文组织批准为世界自然遗产。其坐标为东经 98°—100°30′，北纬 25°30′—29°。三江并流自然遗产由八大片区组成，即高黎贡山片区、白茫-梅里雪山片区、哈巴雪山片区、千湖山片区、红山片区、云岭片区、老君山片区和老窝山片区。每一片区分别代表了不同流域、不同地理环境下的各具特色的生物多样性、地质多样性、景观多样性的典型特征，相互之间存在整体价值上的互补性和典型资源上的不可替代性。

三江并流长约 170 km，流经云南省西部的丽江市、迪庆藏族自治州、怒江傈僳族自治州，区域面积 40 000 km²。怒江与澜沧江最近距离仅 18.6 km，澜沧江与金沙江最近距离只有 66.3 km。

三江并流地区是世界上蕴藏最丰富的地质地貌博物馆，景区内高山雪峰横亘，地质地貌随海拔垂直分布，从 760 m 的怒江干热河谷到 6 740 m 的卡瓦格博峰，汇集了高山峡谷、雪峰冰川、高原湿地、森林草甸、淡水湖泊、稀有动物、珍贵植物等奇观异景和多样生物。景区有 118 座海拔 5 000 m 以上造型迥异的雪山，与雪山相伴的是静立的原始森林和星罗棋布的数百个冰蚀湖泊。海拔达 6 740 m 的梅里雪山主峰卡瓦格博峰覆盖着万年冰川，晶莹剔透的冰川从峰顶一直延伸到海拔 2 700 m 的明永村森林地带，这是目前世界上最为稀有壮观的低纬度、低海拔季风海洋性现代冰川。河谷地貌极为丰富多样，有驰名中外的"虎跳峡"大峡谷和"那恰洛"大峡谷、河谷"大裂点"、峡谷岩溶地貌景观、怒江第一湾河曲地貌及巨大的河谷平原等。

三江并流地区被誉为"世界生物基因库"，是中国三大生态物种中心之一。由于三江并流地区未受第四纪冰期大陆冰川的覆盖，区域内山脉为南北走向，成为欧亚大陆生物物种南来北往的主要通道和避难所，是欧亚大陆生物群落富集地区。这一地区占我国不到 0.4% 的国土面积，却拥有全国 20% 以上的高等植物和全国 25% 的动物种群。目前，这一区域内栖息着珍稀濒危动植物，如滇金丝猴、羚羊、雪豹、孟加拉虎、黑颈鹤等 77 种国家级保护动物；秃杉、桫椤、红豆杉等 34 种国家级保护植物。该地区近百个自然景观气象万千，各具特色，是大自然留给人类的宝贵财富。

第六节　怒江西藏段鱼类研究概况

一、调查研究概述

历史上对青藏高原鱼类的报道，大部分仅限于青藏高原边缘及邻近地区，对于西藏地区内的科考及研究报道尚不多。进入 19 世纪后，探险活动盛行，欧洲的一些著名探险家涉足西藏，从此开始了对西藏鱼类的考察。按照研究内容差异，怒江鱼类的早期研究历史大致分为 2 个时期。

（一）早期鱼类分类学调查

怒江鱼类分类学调查资料较少。最早对怒江鱼类的记录是 1891 年 Herzenstein 发表的采集自西藏唐古拉山温泉的热裸裂尻鱼（*Schizopygopsis thermalis*）。此后，直到 1964 年，《中国鲤科鱼类志》（上卷）的出版，才对怒江鱼类进行了较为详细的记录和描述，该卷记载的鱼类包括掸邦担尼鱼（*Danio shanensis*）、怒江裂腹鱼（*Schizothorax nukiangensis*）、保山裂腹鱼（*Schizothorax yunnanensis paoshanensis*）、贡山裂腹鱼（*Schizothorax gongshanensis*）、热裸裂尻鱼共 5 种或亚种，其中 1 个新记录种、3 个新种或亚种。《中国鲤科鱼类志》（下卷）出版于 1981 年，但其工作是 20 世纪 60 年代完成的，该卷记录了保山四须鲃（*Barbodes wynaadensis*）、后鳍四须鲃（*Barbodes parva*）、角鱼（*Epaleorhynchus bicornis*）、鲫（*Carassius auratus*）4 个种，其中 1 个新记录种、1 个新种。此外，记载的云南华鲮（*Sinilabeo yunnanensis*）分布于怒江，但未记述采集地点；新亚种棱四须鲃（*Barbodes shanensis carinatus*）采自云南勐阿，可能是记述错误，云南勐阿不属于怒江水系。《中国鲤科鱼类志》（上、下卷）对怒江鱼类已有的记录表明，怒江鲤科鱼类有 9 种，其中 2 个新记录种、5 个新种或亚种（伍献文等，1964，1977）。

（二）鱼类区系组成调查

20 世纪 70 年代末，褚新洛对鱼类进行了系统分类整理，记述了分布于怒江的鱼类，包括短鳍鮡指名亚种（*Euchiloglanis feae feae*）、扁头鮡（*Pareuchiloglanis kamengensis*），同时根据上下颌均具铲形齿特征有别于异齿属，创建新属拟鳋，并发表了采自老窝河的新亚种短体拟鳋（*Pseudexostoma yunnanensis brachysoma*）。1981 年，褚新洛描述了采自怒江贡山县城的新种贡山鮡（*Pareuchiloglani gongshanensis*），并在对我国鱼类的整理中，记录了分布于怒江水系南定河的波条鲃（*Danio aequipinnatus*），认为分布于怒江水系的 *Danio shanensis* 实为半线鲃（*Danio interrupta*）。同年，伍献文等发表采自昌都扎那（即今林芝市察隅县察瓦龙乡）怒江水系的新种扎那纹胸鮡（*Glyptothorax zanaensis*）（伍献文等，1981）。1982 年，朱松泉发表采自六库的新种长条鳅（*Schistura longa*）和采自勐腊县勐仑南定河的南方条鳅（*Pteronemacheilus meridionalis*）。

1983 年，郑慈英等发表采自怒江水系的爬鳅属鱼类怒江爬鳅（*Balitorn nujiangensis*）。1984 年，崔桂华发表了采集自云龙县老窝河、泸水县六库的鲃亚科盆唇鱼属新种缺须盆唇鱼（*Placocheilus cryptonemus*），其与本属的纹尾盆唇鱼（*Placocheilus caudofasciatus*）的区别在于侧线鳞和脊椎骨数量的差异。

1985 年，陈银瑞等在整理我国结鱼属时发现采集自六库的怒江鱼类新种半刺结鱼（*Tor hemispinus*），其主要特征为背鳍不分枝，鳍条一半柔软，后缘无锯齿，侧线鳞30～35，下唇中叶雏形。1986 年，莫天培等记录了分布于怒江的纹胸鳅属鱼类 4 种，即穴形纹胸鳅（*Glyptothorax cavia*）、三线纹胸鳅（*Glyptothorax trilineatus*）、扎那纹胸鳅（*Glyptothorax zanaensis*）、亮背纹胸鳅（*Glyptothorax dorsalis*），其中亮背纹胸鳅为新记录种。

1989 年和 1990 年，褚新洛和陈银瑞等全面系统地总结了怒江水系在云南境内的鱼类，共9科29属42种。42 种鱼类中，以鲤科和鳅科种类为多，分别为16 种和12 种，占总种数的 66.67%。这些鱼类中，在怒江干支流的鱼类有 29 种，包括半线鲃（*Danio interrupta*）、斑尾低线鱲（*Barilius caudiocellatus*）、异鲴（*Aspidoparia morar*）（枯柯河）、半刺结鱼（*Tor hemispinus*）、保山四须鲃（*Barbodes wynaadensis*）、后鳍四须鲃（*Barbodes opisthoptera*）、角鱼（*Akrokolioplax bicornis*）、东方墨头鱼（*Garra orientalis*）、缺须盆唇鱼（*Placocheilus cryptonemus*）、怒江裂腹鱼（*Schizothorax nukiangensis*）、贡山裂腹鱼（*Schizothorax gongshanensis*）、保山裂腹鱼（*Schizothorax yunnanensis paoshanensis*）、鲫（*Carassius auratus*）、长条鳅、密纹条鳅（*Schistura vinciguerrae*）、突吻沙鳅（*Botia rostrata*）、泥鳅（*Misgurnus anguillicaudatus*）、怒江间吸鳅（*Hemimyzon nujiangensis*）、扎那纹胸鳅（*Glyplochoras zanaesis*）、穴形纹胸鳅、三线纹胸鳅、亮背纹胸鳅、巨鿕、黄斑褶鳅、短鳍鳅、贡山鳅、短体拟鲿、黑鳅（首次记录）、黄鳝。仅分布于怒江水系南定河的有波条鲃（*Danio aequipinnatus*）、长嘴鱲（*Raiamas guttatus*）、大鳞结鱼（*Tor douronensis*）、云纹鳗鲡（*Anguilla nebulosa*）（国内首次记录）、厚唇新条鳅（*Neonoemacheilus labeosus*）、泰国条鳅（*Noemacheilus thai*）、南方条鳅、赫氏似鳞头鳅（*Lepidocephalichthys hasselti*）、胡子鲇（*Clarias fuscus*）、细尾异齿鳋（*Oreoglanis delacouri*）、宽额鳢、线鳢、大刺鳅13 种，其中细尾异齿鳋记载分布于怒江水系，但未明确分布点，从分布图推断为南定河，其后的文献如《中国动物志 硬骨鱼纲 鲇形目》并未记述，《横断山区鱼类》《青藏高原鱼类》两书均在检索表中列出怒江有分布，但描述中未列出。武云飞等、张春光等分别对怒江中游、上游鱼类进行了记叙。武云飞等（1991）记述怒江福贡以上江段分布鱼类有小眼高原鳅（*Triplophyon microps*）、圆腹高原鳅（*Triplophyon rotundirentris*）、细尾高原鳅（*Triplophyon stenura*）、云南弓鱼（*Raconun yunnanensis*）、澜沧弓鱼（*Raconun langchangensis*）、怒江弓鱼（*Raconun nujiangensis*）、吸口裂腹鱼（*Schizothorax myzostomus*）、热裸裂尻鱼（*Schizopygopsis thermatis*）、小头裸裂尻鱼（*Herzensteinia microcephalus*）、扎那纹胸鳅（*Glyplochoras zanaesis*）、裸腹叶须鱼（*Plychobrbus kazankorn*）、贡山鳅（*Plychobrbus gongshanensis*）共 7 属 12 种，其中中亚高原鱼类 10 种，占 83%。张春光等记述怒江鱼类包括怒江裂腹鱼（*Schizothorax nukiangensis*）、裸腹叶须鱼（*Ptychobarbus kaznakovi*）、热裸裂尻鱼（*Schizopygopsis thermalis*）、东方高原鳅（*Triplophysa orientalis*）、异尾高原鳅（*Triplophysa stewartii*）、短尾高原鳅（*Triplophysa brevviuda*）、斯氏高原鳅（*Triplophysa stolioczkae*）、细尾高原鳅（*Triplophysa stenura*）、圆腹高原鳅（*Triplophysa rotundiventris*）、拟硬刺高原鳅（*Triplophysa pseudoscleroptera*）、扎那纹胸鳅（*Glyplochoras zainaensis*）、贡山鳅（*Plychobrbus gongshanensis*）12 种，其中仅分布于怒江西藏段的鱼类 9 种（西藏自治区水产局，1995）。

二、国外研究进展

Gunther（1868）根据 Heslar 在西藏的采集资料首次正式报道了西藏鱼类，记述了 3 种条鳅类，其中一种为新种。随后，Day（1878）著有《印度鱼类》一书，其中记录了西藏及其毗邻地区裂腹鱼和条鳅鱼类共 9 种。

1888 年，Herzenstein 出版了《普尔热瓦尔斯在中亚考察科学成就》一书。该书记载条鳅类 7 种、裂腹鱼类 33 种，共包括 2 个新属 29 个新种，后被认为有效的有 2 属 14 种，其中包括了一些采自西藏的种类。

Regan 等（1905）在发表过的两篇有关西藏鱼类的报道中，记录了 7 个新种，这些新种都是在拉萨和西藏其他地区发现的；Stewart（1911 年）先后发表了两篇文章来报道西藏的鱼类，第一篇文章中报道了 13 种鱼，第二篇记录了 *Schizopygopsis stoliczkae*、*Gymnocypris waddellii* 和新种 *Gymnocypris hobsonii* 共 3 个种。印度的鱼类学家 Hora（1935，1937）著有《东喜马拉雅条鳅属鱼类》和《大喜马拉雅南北坡鱼类区系》，对青藏高原及其毗邻地区的鱼类做了较多的研究。

三、国内研究进展

国家一直重视西藏的资源环境综合考察，20 世纪 50 年代开始先后组织了"中国科学院西藏综合考察队"和"中国科学院青藏队"对西藏自治区进行全面系统的综合考察，主要是围绕西藏鱼类的物种调查开展工作。由于西藏地处青藏高原，受特殊地理环境以及交通和采样手段的限制，直到 1992 年才首次开展西藏主要江河湖泊鱼类资源调查工作，并出版了《西藏鱼类及其资源》（周建设等，2013）。西藏自治区水产局于 1995 年对西藏全区主要江河湖泊进行了大量野外考察，采集鱼类标本近万个。

虽然近一个世纪以来，中外科学家对西藏鱼类进行了多次调查，但由于调查广度和深度的局限，西藏渔业资源调查工作还不够深入和全面，许多水体的渔业资源状况不清楚，且对于怒江鱼类区系组成及其分类的调查、研究比临近的其他流域少，所积累的资料也相对较少。中国科学院水生生物研究所（以下简称水生所）和中国科学院昆明动物研究所（以下简称昆明动物所）等科研单位开展了怒江鱼类资源调查和研究工作。大型的调查活动包括中国科学院组织的横断山区鱼类考察，以及 2004 年水生所和昆明动物所进行的怒江贡山至保山江段的鱼类考察。中国水产科学研究院长江水产研究所于 2006—2008 年先后 8 次对怒江的水生生物资源进行了调查。为了了解规划中的怒江水电梯级开发对怒江流域的鱼类资源及栖息环境产生的不利影响，2014 年 7—8 月，王龙涛对怒江上游流域的水生生物资源及水电开发现状进行了调查。2017—2019 年，中国水产科学研究院长江水产研究所再次对怒江干流西藏段的渔业资源及环境进行了 7 次调查。

第七节　调查与保护的必要性

怒江流域是我国主要的生物多样性丰富的地区之一。在怒江从海拔 738 m 到海拔 5 128 m 的垂直空间里，聚集了北半球从南亚热带到高山苔原带各种气候带的土壤和植被，具有完整的植被垂直景观和多种多样的森林植物类型，区域内还有大量珍稀濒危动植物。

民主改革后，西藏经济发展迅速，群众的生活水平也在不断提高，对水产品的需求随之增加。藏区群众逐渐将野生土著鱼类资源作为获取水产品的重要来源，因此造成了对野生鱼类的过度捕捞，有些物种甚至濒临灭绝。人们在捕捞水产品的同时，还加剧了对流域水生态环境的影响，使得鱼类物种多样性减少，渔业资源呈现衰退迹象。高原地区水温较低，生活的鱼类大多为当地的特有冷水性鱼类，生长缓慢、性成熟晚、繁殖力较低，种群一旦遭到破坏，恢复难度极大。

随着人类对怒江流域的开发利用，怒江流域的生态状况面临着严重退化的威胁。生物多样性受到严重威胁，如亚洲象、羚羊、雪豹、白眉长猿猴等被列为濒危珍稀动物，17种怒江特有鱼类中的角鱼、缺须盆唇鱼和长丝黑鮡 3 种鱼类被列入《中国濒危动物红皮书》。由于生境的破坏，定居在怒江沿岸滩涂的野生稻种群正在快速衰退。怒江中下游正在规划进行 13 个水电梯级开发，十几座大坝及各项辅助工程（公路等）的兴建，将对植被造成严重破坏，导致水土流失，给原本不稳定的地质情况和脆弱的生态环境带来更多不稳定的因素，有可能诱发山体滑坡、泥石流、地层断裂，导致怒江流域生物的生境完全改变，严重的生态阻滞将不可避免。三江并流不单单是指三条江，而是完整的三江并流区生态系统，怒江在其中占有很重要的位置，一旦怒江的生态环境发生改变，将会使整个生态系统发生变化。

怒江是一条国际河流，水电的开发、水生生物物种多样性保护是国内外社会公众最为关注的热点之一。为了保护怒江水生生物物种资源及栖息地，需要将规划中怒江水电的开发影响降到最低，使水生生物资源能够得到可持续发展。因此，对怒江水生生物资源的调查和保护研究工作显得尤为重要和紧迫。

第二章

怒江西藏段水环境特征

第一节　水系概况

怒江源头段称桑曲，桑曲由西南方向注入错那湖、喀隆湖后称为那曲，在比如县城附近汇入索曲后始称怒江。怒江流域形状狭长，水系主要由干流和众多的支流、支沟组成，形成纵横交错的网状水系，但长而大者较少，除河源汇入的支流呈树状外，大部分支流均沿构造线发育。流域面积大于 5 000 km² 的支流有 6 条，即下秋曲、索曲、姐曲、玉曲（伟曲）、枯柯河（勐波罗河）、南定河。南定河出国界后在缅甸汇入怒江。众多汇入怒江的小支流比较短、流域面积小、落差集中，加之有融雪补给，枯水量比较稳定。

一、怒江源头错那湖

怒江上游是从河源错那湖、那曲河开始到中游的松塔之间约 1 120 km 的干流河段，较大支流有 20 多条。错那湖位于西藏自治区那曲市安多县，念青唐古拉山与昆仑山之间，安多县城西南约 20 km 处，平均海拔约 4 650 m，是世界上海拔最高的淡水湖，水域面积约 300 km²。河源山峰为海拔 6 070 m 的吉热格帕山（将美尔岗尕楼冰川）。支流桑曲由西南方向流入错那湖，是错那湖的主要汇入河流。唐古拉山脉南部河流均注入错那湖，经错那湖汇入怒江（那曲河），因此，也将错那湖称为怒江源。错那湖所处区域气候寒冷，空气稀薄，年平均气温－2.9℃，年平均降水量 428.4 mm，年平均水面蒸发量 1 782.9 mm。错那湖众多的河源，为其提供了丰富的有机质，湖岸水草丰茂，湖心水较深，水质良好，为鱼类提供了良好的生长繁衍生境。由于当地藏民笃信佛教，有不杀生的习俗，鱼类资源保护良好，常年禁捕，湖里热裸裂尻鱼、高原鳅等鱼类资源非常丰富。作为怒江湖源，错那湖有着无可替代的生态地位；且错那湖一直没有被开发，受人为影响较小，适宜热裸裂尻鱼、高原鳅等鱼类的生存，需要予以重点保护。

二、怒江西藏段支流

怒江西藏境内流域面积大于 3 000 km² 的一级支流有索曲、玉曲、姐曲、色曲、德曲、达曲、冷曲（图 2-1，表 2-1）（王龙涛等，2015），其中流域面积最大的为索曲，达 1.40 万 km²；河道最长的是玉曲，为 423.4 km（刘冬英等，2008）。

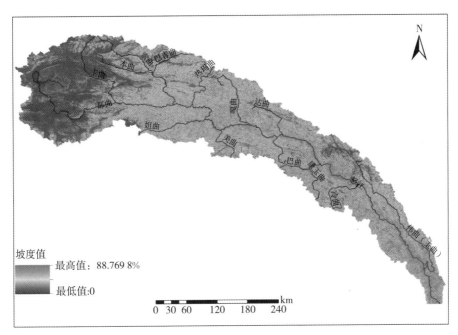

图 2‑1　怒江西藏段支流水系

表 2‑1　怒江流域支流水系状况

序号	名称	流域面积（km²）	多年平均流量（m³/s）	河道总长（km）	落差（m）
1	索曲	13 975	107.2	276	1 570
2	热玛曲	2 384	30	112	1 444
3	热曲	1 450	21.4	50	1 078
4	姐曲	5 930	63	151.1	1 660
5	美曲	1 626	12.1	70	1 280
6	拉布希曲	1 392	15	77	1 000
7	色曲	3 945	42.6	147	1 590
8	卓玛朗错曲	2 400	37.8	61	1 940
9	达曲	3 090	48.7	90	1 620
10	洛隆曲	520	8.2	30	1 010
11	惹曲	410	6.5	38	1 312
12	拥马曲	640	10.1	45	1 825
13	德曲	3 694	58.2	100	1 950
14	冷曲	3 071	48.5	92	2 595
15	列曲	430	6.8	57	2 550
16	昂曲	1 950	30.8	65	3 330
17	玉曲	8 460	134	423	3 012

索曲河为怒江左岸一级支流，发源于白雄以北的唐古拉山南麓，支流有本曲、巴青曲、益曲等。流域面积达到 13 975 km²，多年平均流量为 107.2 m³/s，河道总长度为 276 km，总落差 1 570 m，是怒江第二大支流。索曲于比如县城以东约 20 km 处汇入那曲河，之后称为怒江，因此，又把索曲称为怒江的左源。流域内宽谷、深潭交错，流态多样，在靠近索县县城附近的河段多漫滩、地势开阔，是鱼类产卵、索饵等的良好栖息地，下游山势陡变，多成 V 形，深潭众多，适于鱼类越冬。流域内鱼类资源丰富，极少有捕捞。

姐曲流域面积 5 930 km²，多年平均流量 63 m³/s，河道总长 151.1 km，落差 1 660 m，于沙丁乡汇入怒江，在怒江右岸，是生境多样、生态系统完整的支流。姐曲常年水流量较大，流域内流态多样，宽谷、跌水、深潭交错，鱼类各种生境完整，流域内除羊秀水电站外无大型水利工程，生态完整性较好，能够提供鱼类完成整个生活史的条件。

卓玛朗错曲是怒江右岸的一级支流，流域面积 2 400 km²，总长度约 61 km，多年平均流量 37.8 m³/s，落差 1 940 m。卓玛朗错曲流经洛隆县城，鱼类资源丰富。

冷曲是怒江右岸的一级支流，河长约 92 km，在怒江桥上游约 10 km 处汇入怒江，鱼类资源丰富，上游大部分高原鱼类在此处有分布。

玉曲发源于昌都市类乌齐县南部的瓦合山南麓，与怒江干流平行，是怒江上游西藏境内最长的支流。玉曲在察瓦龙以北汇入怒江，是怒江流域河流最长、水能资源理论蕴藏量最大的支流。流域面积 8 460 km²，全长 423 km，汇合处多年平均流量为 134 m³/s。玉曲上游邦达草原河段至左贡县城上游河段，河道开阔，水流平缓，多滩涂，非常适合作为裂腹鱼类的繁殖产卵场。左贡县以下玉曲下游河段，水流湍急，多峡谷，河道较上游狭窄，适合作为鲱类等适应急流性鱼类的栖息场所。但 2010 年 8 月西藏自治区人民政府已批复玉曲水电规划，共有成德、扎玉、吉登、中波、碧土、扎拉、轰东 7 个梯级，该水电规划完成后将对玉曲的鱼类资源产生不利影响。

三、河流流速特征与江心洲分布

怒江源头和那曲上游段，江水流速缓慢，为 0.1～0.5 m/s；中游比如江段，流速开始增加，为 0.5～1 m/s；中游边坝至洛隆段，流速最大，为 2～3 m/s；下游察瓦龙江段，流速逐渐变小，为 0.5～1 m/s。

怒江岸滩资源十分丰富，根据中国水产科学研究院于 2018 年进行遥感监测结果，从怒江源头（错那湖的南出口）至怒江云南的保山县江段，共有江心洲 1 232 个，总面积约 1 194 km²，有边滩 377 个。其中面积在 1 km² 以上的大型滩有 13 个，0.1～1 km² 的较大型滩有 636 个，0.05～0.1 km² 的中等滩有 397 个，0.05 km² 以下的小型滩有 563 个；另外，怒江比如上游以西至察瓦龙下游以南江段，由于上游多为辫状河流发育，江心洲数量最多，而下游则以岸边江滩为主。

第二节　水质特征

怒江流域内的污染源包括工业污染、农业污染和生活污染。但流域内工业基础薄弱，两岸工矿企业甚少，基本无工业污染源。流域两岸耕地化肥、农药施用量均较小，因此，农药、化肥产生的农业面源污染也较小。生活污染源主要是流域内居民日常生活排放的生活污水。由于流域各县均属相对偏远山区，人烟稀少，农村居民点较为分散，生活污水排放量少而面广，对怒江水质影响很小。而沿江城镇因人口相对集中，污水排放也相对集中，且生活污水大都未经处理直接排入怒江，对怒江局部水质造成了一定的污染（李志雄，2004）。

过去十几年来，怒江流域各土地利用类型及景观格局指数均发生了重要变化。城乡居民工矿用地、耕地、草地明显增加，而林地和未利用地呈减少趋势，流域城镇化进程加快的同时生态环境也呈恶化的趋势（邹秀萍，2005）。

怒江上游河段没有跨流域引水工程，无大的灌溉、蓄水工程，由于上游人口较少，人类活动影响不显著（王龙涛，2015）。水质总体保持为清洁水体。目前怒江干流周围尚未得到有效的开发利用，但支流水系污染呈恶化趋势，清洁水体在减少，主要是生活污水（有机物）污染。影响下游干流和支流水质的污染物为总磷和其他有机污染物，城镇化、农业发展对流域水质的影响不容忽视（荆烨，2009）。

第三节　水质调查

一、调查站点布设

基于怒江流域历史资料和近年来已有调查资料，根据生境的形态特征、支流汇入情况、交通便利性、人类干扰程度、宗教信仰与生活习俗等因素设置站点，选择典型河段断面、典型河段样区，同时兼顾空间距离的合理性，进行水质调查。设色尼、比如、边坝、马利镇、八宿怒江大桥、察瓦龙等6个干流调查江段以及边坝县麦曲河、八宿县冷曲河和左贡县玉曲河3个支流调查河段，共14个调查站点（图2-2，表2-2）。利用流域卫星影像为底图，对调查区域进行野外判读定位。重点针对坏境目标敏感地，开展怒江西藏段流域水质调查。

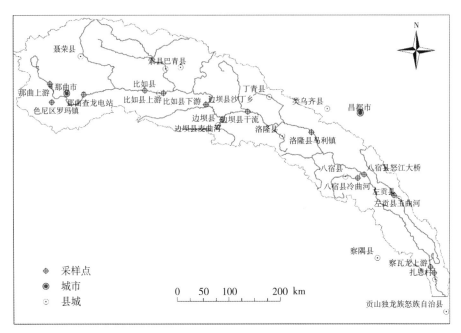

图 2 - 2　水质调查站点设置

表 2 - 2　怒江西藏段调查站点坐标

地点	东经（°）	北纬（°）	海拔（m）
察瓦龙下游	98.460 2	29.733 3	1 770
察瓦龙上游	98.390 2	28.509 0	1 778
左贡县玉曲河	97.755 7	29.733 4	2 215
八宿县怒江大桥	97.235 9	30.088 6	2 683
八宿县冷曲河	97.128 3	30.028 5	2 894
洛隆县马利镇	96.323 2	30.810 9	3 077
边坝县麦曲河	94.776 0	31.0276	3 520
边坝县沙丁乡	94.486 3	31.286 9	3 586
边坝县干流	95.221 6	31.1644	3 371
比如县下游	93.749 0	31.482 1	3 811
比如县上游	93.429 6	31.524 8	3 967
那曲查龙电站	92.355 9	31.456 5	4 350
色尼区罗玛镇	91.785 3	31.327 1	4 475
那曲上游	91.753 3	31.639 7	4 508

二、调查方法

通过实地采样，于 2017 年 4 月至 2019 年 10 月对怒江西藏段非生物环境和水质状况进行了 7 次调查。在各个调查站点采用 GPS、溶氧仪、流速仪、测距仪、多功能水质分析仪等仪器设备，开展对调查水域的非生物环境特征如经纬度、海拔、水温、溶解氧、流速等参数收集，对主要水体理化性质参数进行周年调查，并统计、分析不同水质理化因子周年变动规律。通过野外现场采样和实验室分析相结合的方法对水质状况进行了调查，调查指标包括总氮、总磷、氨氮、化学需氧量、高锰酸盐指数、活性磷、硝酸盐等。调查期间，使用 2 L 采水器在各个设定的调查站点采集水下 0.5 m 处水样，使用水样瓶保存带回实验室，在 48 h 内分析完毕。分析方法参照《地表水环境质量标准》（GB 3838—2002）进行，使用仪器包括 HACH DR2700 便携式分光光度计、DB200 便携式消解仪等。

三、调查结果

各调查站点自察瓦龙断面至那曲断面海拔逐渐升高，察瓦龙断面海拔最低，那曲干流断面海拔最高（图 2 - 3）。

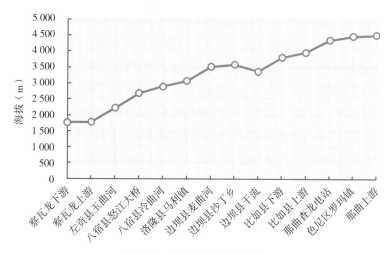

图 2 - 3　调查站点海拔分布

7 次调查中，怒江西藏段的物理指标状况见表 2 - 3、表 2 - 4 和表 2 - 5。

表 2 - 3　2017 年怒江西藏段物理指标状况

	时间	地点	水温（℃）	溶解氧（mg/L）	电导率	流速（m/s）
春季	2017 年 5 月 21 日	察瓦龙下游	15.6	9.74	240.8	0.298
	2017 年 5 月 22 日	察瓦龙上游	15.1	10.33	227.2	0.632
	2017 年 5 月 23 日	左贡县玉曲河	14.6	8.92	161.2	0.577
	2017 年 5 月 25 日	八宿县怒江大桥	12.3	10	197.4	0.709
	2017 年 5 月 29 日	洛隆县马利镇	11.4	8.6	202.3	1.965
	2017 年 5 月 31 日	边坝县麦曲河	9.2	7.5	185.1	2.301
	2017 年 6 月 1 日	边坝县干流	11.5	9.53	244.1	1.648
	2017 年 6 月 3 日	比如县下游	10.5	7.1	256.3	1.419
	2017 年 6 月 4 日	比如县上游	7.9	6.4	250.4	0.875
	2017 年 6 月 6 日	那曲查龙电站	9.9	6.45	244.2	1.013
	2017 年 6 月 7 日	那曲母各曲河	7.8	6.35	182.2	0.739
	2017 年 6 月 8 日	那曲上游	7	6.28	296.2	0.465

（续）

	时间	地点	水温（℃）	溶解氧（mg/L）	电导率	流速（m/s）
夏季	2017 年 9 月 12 日	左贡县玉曲河	11	6.45	162.5	0.188
	2017 年 9 月 13 日	八宿怒江大桥	13.4	7.82	193.2	0.491
	2017 年 9 月 15 日	洛隆县马利镇	13	6.95	200.5	0.476
	2017 年 9 月 18 日	边坝县麦曲河	7.9	7.47	191.3	1.117
	2017 年 9 月 19 日	边坝县干流	12.3	6.71	242.3	0.904
	2017 年 9 月 21 日	比如县下游	11.6	6.65	253.4	0.305
	2017 年 9 月 23 日	比如县上游	10.9	6.15	253.2	0.759
	2017 年 9 月 25 日	那曲查龙电站	11.5	6.11	244.8	0.473
	2017 年 9 月 27 日	那曲母各曲河	8.4	6.16	180.5	0.387

表 2 - 4　2018 年怒江西藏段物理指标状况

	时间	地点	水温（℃）	溶解氧（mg/L）	pH 或电导率	流速（m/s）
春季	2018 年 4 月 3 日	察瓦龙乡	13.8	9.13	7.2	0.622
	2018 年 4 月 16 日	边坝县麦曲河	10.5	8.09	7.15	1.398
	2018 年 4 月 6 日	左贡县玉曲河	9.4	8.42	8.14	0.605
	2018 年 4 月 11 日	八宿县怒江大桥	11.1	9.08	8.52	0.434
	2018 年 4 月 19 日	边坝县沙丁乡	8.7	6.72	8.59	0.374
	2018 年 4 月 16 日	比如县下游	7.2	7	8.66	0.391
	2018 年 4 月 13 日	比如县上游	4.3	6.79	8.6	0.639
	2018 年 4 月 6 日	那曲查龙电站	5.7	6.75	8.29	0.489
	2018 年 4 月 9 日	色尼区罗玛镇	0.6	6.8	8.24	1.322
夏季	2018 年 8 月 1 日	察瓦龙乡	13.5	8.63	8.35	1.527
	2018 年 7 月 30 日	左贡县玉曲河	12.4	6.13	8.41	0.428
	2018 年 7 月 28 日	八宿县怒江大桥	15	7.84	8.05	1.168
	2018 年 7 月 28 日	八宿县冷曲河	13.5	6.84	8.32	0.841
	2017 年 9 月 15 日	洛隆县马利镇	12.8	7.37	8.13	0.790
	2018 年 7 月 21 日	边坝县麦曲河	8.8	7.37	8.4	1.354
	2018 年 7 月 22 日	边坝县沙丁乡	12.8	6.6	8.39	0.475
	2018 年 7 月 18 日	比如县下游	12.8	6.53	8.43	1.052
	2018 年 7 月 11 日	那曲查龙电站	13.5	5.27	8.3	0.470
	2018 年 7 月 15 日	色尼区罗玛镇	10.1	5.88	8.29	1.067
秋季	2018 年 10 月 16 日	左贡县玉曲河	4.6	7.17	479.9	0.665
	2018 年 10 月 18 日	八宿县怒江大桥	8.5	8.23	548.5	0.228
	2018 年 10 月 20 日	洛隆县马利镇	7.1	7.65	521.2	0.462
	2018 年 10 月 22 日	边坝县沙丁乡	4.8	7.39	491.9	0.431
	2018 年 10 月 25 日	比如县下游	4.6	7.43	478.8	0.402
	2018 年 10 月 26 日	比如县上游	3.6	7.17	470.9	0.311
	2018 年 10 月 28 日	色尼区罗玛镇	1	7.43	443.2	0.315
	2018 年 10 月 30 日	那曲查龙电站	5.3	7.27	455.8	0.451

表 2 - 5　2019 年怒江西藏段物理指标状况

时间		地点	水温（℃）	溶解氧（mg/L）	pH	流速（m/s）
春季	2019 年 3 月 20 日	贡山	11.3	8.46	6.51	—
	2019 年 3 月 24 日	察瓦龙乡	12.5	8.66	7.69	—
	2019 年 3 月 28 日	左贡县玉曲河	2.7	7.98	8.52	—
	2019 年 3 月 31 日	八宿县怒江大桥	8.8	7.79	8.29	—
	2019 年 4 月 4 日	洛隆县马利镇	8.2	8.01	7.83	—
	2019 年 4 月 7 日	边坝县干流	4.7	7.59	7.22	—
	2019 年 4 月 10 日	比如大坝上游	5.3	7.12	7.78	—
	2019 年 4 月 13 日	比如大坝下游	5.1	7.49	8.46	—
	2019 年 4 月 16 日	色尼区罗玛镇	1.1	7.16	7.86	—
	2019 年 4 月 19 日	那曲查龙电站	0.8	7.57	8.12	—
秋季	2019 年 9 月 23 日	察瓦龙乡	14.8	7.91	7.89	0.343
	2019 年 9 月 28 日	八宿怒江大桥	11.4	7.71	8.07	0.753
	2019 年 10 月 3 日	左贡县玉曲河	9.7	6.54	7.61	0.342
	2019 年 10 月 6 日	左贡县东坝乡	12.9	7.44	8.19	0.584
	2019 年 10 月 9 日	察雅县	11.4	6.84	8.18	0.599
	2019 年 10 月 12 日	洛隆县马利镇	9.6	7.36	8.15	0.703
	2019 年 10 月 16 日	边坝县沙丁乡	6.3	7.33	8.37	0.505

（一）水温

由表 2-3、表 2-4、表 2-5 和图 2-4、图 2-5 可看出，各调查站点水体温度变化趋势明显，从下游到上游呈逐步递减状态，海拔越高温度越低。2017—2018 年春季、秋季调查站点水体温度变化趋势基本相同，整体上均呈从下游到上游递减，海拔最低的察瓦龙乡调查站点水温最高，其次是左贡县玉曲河站点，海拔最高的罗玛镇水温最低。2019 年的春季水温变化趋势有波动，察瓦龙乡水温最高，左贡县玉曲河水温骤降（低至 2.7℃），之后八宿县怒江大桥水温回升，随后水温随着海拔的升高基本呈降低趋势。2017 年春季、秋季所有调查站点的水温整体上都分别比 2018 年和 2019 年春季、秋季高。推测可能与采样时间差异

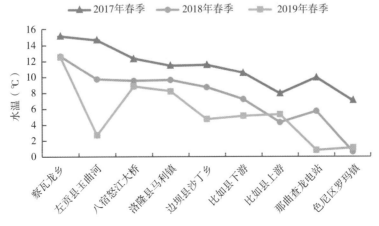

图 2 - 4　2017 年、2018 年和 2019 年春季调查站点水体温度对比

有关，2017年采样时间为5—6月和9月，2018年为4月和10月，2019年为3—4月和9—10月，即春季采样时间2017年比2018年和2019年晚1.5～2个月，而秋季采样时间2017年比2018年和2019年提前0.5～1个月，说明同一季节不同采样时间的水温差异明显。

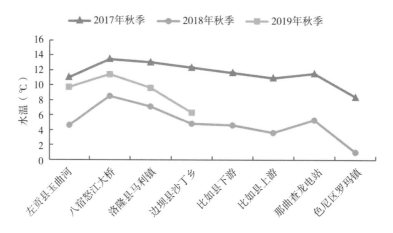

图2-5　2017年、2018年和2019年秋季调查站点水体温度对比

（二）溶解氧

2017—2019年三年春季、秋季调查站点水体溶解氧整体上随海拔的升高而降低，但差异不显著（图2-6、图2-7），海拔最低的察瓦龙乡站点溶解氧最高，海拔最高的色尼区溶解氧最低。2017年春季（秋季）所有调查站点整体上与2018年和2019年春季（秋季）调查站点水体溶解氧交叉重叠无明显差异，2017年采样时间分别为5月和9月，而2018年及2019年采样时间分别为4月和10月，即春季采样时间2017年比2018年和2019年晚一个月而秋季采样时间2017年比2018年和2019年提前一个月，说明同一季节不同采样时间的溶解氧浓度差异不明显。

图2-6　2017年、2018年和2019年春季调查站点水体溶解氧对比

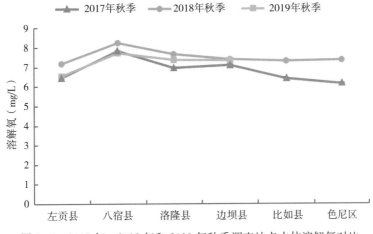

图 2 - 7　2017 年、2018 年和 2019 年秋季调查站点水体溶解氧对比

（三）营养盐

对 2017 年春季和秋季各调查站点的营养盐数据进行对比分析，如图 2 - 8 所示，营养盐浓度呈现出春季高于秋季的趋势（氨氮除外），在所有调查站点中，除高锰酸盐指数和化学需氧量 2 个指标在那曲市母各曲河支流处稍高外，其他指标均呈现出洛隆县、边坝县江段高于其他站点的趋势。

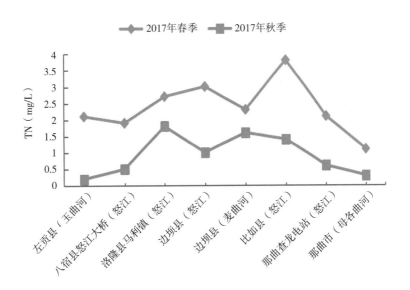

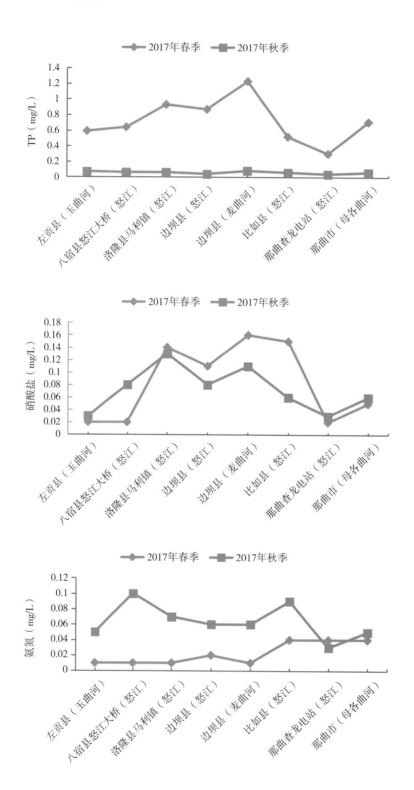

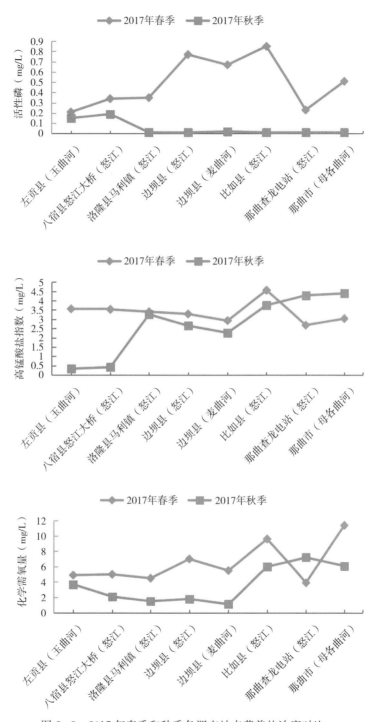

图 2-8　2017 年春季和秋季各调查站点营养盐浓度对比

第四节 水质评价

根据已有文献，2005 年，怒江流域内河流水质状况良好，大多数满足地表水Ⅰ、Ⅱ类水质标准，仅在下游城镇局部河段水质较差（蔡其华，2005）。但近 20 年来，受人类活动影响，流域污染物入河量、有机污染物含量呈上升趋势，河流水质总体呈下降趋势，主要支流水质下降程度高于干流，下游水质比上游差（钟华平等，2008）。

笔者于 2017 年 5 月至 2019 年 10 月对怒江水质共进行七次调查。

2017 年怒江干流西藏段的溶解氧、氨氮浓度和化学需氧量指标均满足我国《地表水环境质量标准》（GB 3838—2002）中的Ⅰ类水质标准，溶解氧在 6.11～10 mg/L，氨氮浓度范围为 0.01～0.1 mg/L，化学需氧量在 1.1～11.4 mg/L，三者平均值分别为 7.73 mg/L、0.043 mg/L 和 5.081 mg/L；高锰酸盐指数满足Ⅱ类水质标准，范围在 0.34～4.56 mg/L，平均值为 3.206 mg/L；总氮和总磷浓度较高，总氮浓度范围为 0.2～3.8 mg/L，总磷浓度范围为 0.04～1.23 mg/L，平均值分别为 1.65 mg/L 和 0.391 mg/L，均超过Ⅳ类水质标准。

2018 年怒江干流西藏段的溶解氧、氨氮浓度和化学需氧量指标均满足我国《地表水环境质量标准》（GB 3838—2002）中的Ⅰ类水质标准，溶解氧在 6.72～9.43 mg/L，氨氮浓度范围为 0.01～0.3 mg/L，化学需氧量在 2.7～4.3 mg/L，平均值分别为 8.138 mg/L、0.104 mg/L 和 3.24 mg/L；总氮和总磷浓度较 2017 年更高，总氮浓度范围为 1.1～2.9 mg/L，总磷浓度范围为 0.08～2.39 mg/L，平均值分别为 2.02 mg/L 和 0.869 mg/L，均超过Ⅴ类水质标准。

2019 年怒江干流西藏段的溶解氧浓度、氨氮浓度和化学需氧量指标均满足我国《地表水环境质量标准》（GB 3838—2002）中的Ⅱ类水质标准，溶解氧浓度在 6.54～7.91 mg/L，氨氮浓度范围为 0.01～0.26 mg/L，化学需氧量在 0.9～12.6 mg/L，其平均值分别为 7.304 mg/L、0.07 mg/L、8.16 mg/L；总氮和总磷浓度较 2018 年低，部分地区的总氮浓度达到Ⅰ类水质标准，综合统计后总氮浓度范围为 0.1～0.4 mg/L，总磷浓度范围为 0.31～1.13 mg/L，平均值分别为 0.2 mg/L 和 0.784 mg/L，总氮含量满足Ⅱ类水质标准，总磷含量超过Ⅴ类水质标准。

综上所述，怒江干流西藏段除了总氮、总磷浓度超标外，总体良好，总氮、总磷浓度较高可能与人类活动有关。

第三章
怒江西藏段饵料生物资源

第一节　历史资料

一、历史研究概述

过去对怒江生物资源的调查研究主要在怒江中下游区域开展，包括三江并流区域和高黎贡山的动植物调查与保护、云南干热河谷区域的植物资源与开发利用、云南怒江药用植物资源与观赏植物、我国重要野生稻资源在怒江流域的分布状况等。

对怒江底栖动物和浮游生物的调查研究非常稀少，只有零星的资料涉及怒江中上游的藻类（李尧英等，1992；施之新等，1994；朱蕙忠等，2000；王龙涛，2014），以及怒江西藏段的原生动物、轮虫、甲壳动物等（蒋燮治等，1983；王龙涛，2014；李斌等，2015）。

二、底栖动物概况

2007—2008 年怒江流域的底栖动物共 53 种（李斌等，2011），隶属于 5 门 7 纲 17 目 42 科。在大型底栖动物类群组成上，水生昆虫所占比例最高，为 63%，其次是软体动物 15%、甲壳类 6%、寡毛类 7%、其他为 9%。怒江西藏段底栖动物共 31 种，隶属于节肢动物门（Arthropod）、软体动物门（Mollusca）、环节动物门（Annelida）共 3 门，昆虫纲（Insecta）、甲壳纲（Crustacea）、腹足纲（Gsatropoda）共 3 纲。优势种主要有摇蚊幼虫（*Tendipes* sp.）、钩虾（*Gammarus* sp.）、椭圆萝卜螺（*Radix swinhoei*）。怒江西藏段底栖动物平均密度为 82.01 个/m²，生物量为 1 695.65 mg/m²（表 3-1）。

表 3-1　怒江西藏段底栖动物平均密度与生物量

调查断面	平均值	
	密度（个/m²）	生物量（mg/m²）
错那湖	457.40	14 405.96
那曲大桥	114.78	1 658.33
比如县城上	14.82	112.87
比如县城下	12.97	80.56
姐曲	29.64	746.12
美曲上游	141.62	4 995.18
边坝县城下	119.45	645.93
怒江美曲汇合处	0	0
怒江新荣大桥	0	0
卓玛朗错曲上游	55.55	513.52
卓玛朗错曲下游	70.37	875.65
马利镇支流	111.09	2 698.42

（续）

调查断面	平均值	
	密度（个/m²）	生物量（mg/m²）
玉曲邦达镇	149.94	1 744.27
玉曲扎玉镇	37.03	186.12
东坝左贡县	9.26	63.52
冷曲吉达乡	70.37	99.82
怒江大桥	0	0

2015 年王龙涛在怒江上游 7 个点（错那湖、查龙、下秋曲支流、比如、索曲色尼村附近支流、索曲索县支流、姐曲）采集到底栖动物共 15 种，其中水生昆虫 12 种、软体动物 2 种、甲壳动物 1 种。

三、浮游生物概况

2014 年怒江上游共有 74 种浮游植物和 23 种浮游动物（王龙涛，2015）。其中浮游植物隶属于 7 门 28 属，分别为硅藻门 16 属 59 种；蓝藻门 3 属 6 种；绿藻门 4 属 4 种；隐藻门 2 属 2 种；裸藻门、甲藻门、金藻门各 1 属 1 种。硅藻门占绝对优势，其优势种包括硅藻门的小环藻、普通等片藻、长等片藻、弧形峨眉藻、肘状针杆藻、双头针杆藻、系带舟形藻、偏肿桥弯藻、优美桥弯藻和窄异极藻延长变种。浮游动物包括轮虫 10 属 11 种；枝角类 5 属 8 种；桡足类 4 属 4 种。大部分种类都是沿岸带种类或与水草有关的种类。在怒江峡谷型地段的激流水体中很难发现浮游动物。浮游动物密度在西藏源头段水流较缓的地方或支流中很低，大部分的密度都小于 300 ind. /m³，最大值为 8 070 ind. /m³，出现在错那湖与那曲河相交接的水体中。

四、水生植物概况

怒江水生植物资源丰富，主要分布在怒江源头那曲段、玉曲帮达段、冷曲、卓玛朗错曲、麦曲、索曲河怒江云南段两岸的水田里。这些区域要么是大面积的冲击滩，河边附属水体发育良好，要么有众多的大小水坑，适合水生植物的生长，有大片水生植物分布。

2007 年怒江流域有水生维管束植物 41 科 76 属 111 种。挺水植物和湿生植物中常见的有禾本科、蓼科、毛茛科、莎草科和菊科；浮叶植物有浮叶眼子菜和莼菜；漂浮植物有浮萍、凤眼莲、紫萍；沉水植物主要有眼子菜科、毛茛科、狸藻科（刘绍平等，2016）。怒江西藏段的沉水植物主要有篦齿眼子菜、穿叶眼子菜、角果藻、穗花狐尾藻、黄花水毛茛、杉叶藻、狸藻等；浮叶植物主要有浮毛茛。怒江干流河岸的冲击滩面枳较小，河岸带植物很少有成片分布，水生植物主要分布在河岸两边的稻田里，主要水生植物有浮萍、浮叶眼子草、雨久花、小茨藻、菹草、水筛、谷精草等。在怒江干流底质以大石块为主的河岸带，水生植物难以生长，生物量几乎为零。怒江河岸带植物的平均生物量约为 1 490 g/m²。水生植物平均高度在 11～68 cm，平均值为 36.6 cm。

2015 年怒江上游有水生维管束植物 44 科、77 属、112 种（王龙涛，2015）。

以上调查结果充分表明怒江流域复杂多样的生境孕育了丰富的动植物资源，但有关怒江水生高等植物、底栖动物、藻类的研究却仍然非常稀少。此外，有关怒江西藏源头段和上游的动植物研究也较为缺乏。随着社会经济的发展以及人们环境保护意识的提高，针对怒江的水生高等植物、底栖动物、藻类进行专项研究迫在眉睫，为怒江资源合理开发与保护提供科学依据和对策。

第二节　浮游生物调查方法

浮游动植物是河流生态系统的重要成分，它们处于食物链的底端，决定着生态系统的结构与功能。例如，浮游动物是所有鱼类仔鱼的开口饵料，这对在江水中繁殖的产漂流性卵的鱼类来说至关重要，它们直接或间接为很多鱼类提供饵料，如滤食性鱼类终身以浮游动植物为食，而这些浮游生物食性鱼类又是更高营养级生物（如凶猛鱼类等）的必需食物，影响着许多珍稀濒危动物的生存。此外，虽然浮游动物亦能摄食细菌与有机碎屑，但它们的生存在很大程度上还是离不开浮游植物。

影响浮游植物生长的因素有温度、光照、流速、营养盐等，而一条河流中的这些因素在时间与空间的二维尺度上不断变化。例如，在怒江的源头地区，海拔高，气候寒冷，冰冻时间长，适宜浮游生物繁衍的时期相对较短。又如，浮游植物的生长需要良好的光照条件，这与河流中的泥沙含量息息相关，而泥沙主要是通过雨水特别是洪水进入河流的。此外，这些因素也会直接或间接地影响浮游动物。例如，河水中的泥沙含量过高时，会直接妨碍一些浮游动物的摄食。

一、浮游植物的采集、固定及沉淀

浮游植物的调查与分析包括水样采集、沉淀、观察与数据处理等。各步分述如下。

水样采集：包括定性和定量采集。定性采集是指采用 25 号筛绢制成的浮游生物网在水中拖曳采集。在表层至 0.5m 深处以 20～30cm/s 的速度作 "∞" 形巡回缓慢拖动 1～3min。样品只用于种类的分析和鉴定。定量采集则为采用 2 500 mL 采水器取上、中、下层水样，经充分混合后，取 2 000mL 水样，加入鲁哥氏液固定，经过 48 h 静置沉淀，浓缩定容至 30mL，保存待检。

沉淀和浓缩：沉淀和浓缩需要在筒形分液漏斗中进行，静置沉淀时间一般为 48 h。但在野外一般采用分级沉淀方法，即先在直径较大的容器（如 1L 水样瓶）中经 24 h 的静置沉淀，然后用细小玻管（直径小于 2 mm）以虹吸方法缓慢地吸去 1/5～2/5 的上层清液（注意不能搅动或吸出浮在表面和沉淀的藻类，虹吸管在水中的一端可用 25 号筛绢封盖），再静置沉淀 24h，再吸去部分上清液。如此重复，使水样浓缩到 200～300mL。然后妥善保存，以便带回室内做进一步处理。在要长期保存的样品中加入少许甲醛溶液（浓度40%），并用石蜡封口。需在样品瓶上写明采样日期、调查站点、采水量等。

样品观察及数据处理：在实验室将样品浓缩、定量至约 30 mL，摇匀后吸取 0.1 mL样品置于 0.1 mL 计数框内，在显微镜下按视野法计数，数量较少时全片计数，每个样品计数 2 次，取其平均值，每次计数结果与平均值之差应在 15% 以内，否则增加计数次数。

每升水样中浮游植物数量的计算公式如下：

$$N = \frac{Cs}{Fs \times Fn} \times \frac{V}{v} \times Pn$$

式中：N 为 1 L 水中浮游植物的数量（ind./L）；Cs 为计数框的面积（mm^2）；Fs 为视野面积（mm^2）；Fn 为每片计数过的视野数；V 为 1 L 水样浓缩后的体积（mL）；v 为计数框的容积（mL）；Pn 为计数所得数量。

二、浮游动物的采集、固定、沉淀及鉴定

（一）原生动物和轮虫的采集、固定及沉淀

原生动物和轮虫的采集同断面的浮游植物共用一份定性、定量样品。以下为定量采集的详细介绍。

采集设备：采集原生动物和轮虫定量样品的工具为 2 500 mL 容量的采水器和 25 号筛绢制成的浮游生物网。

采样断面的布设和采样频率：根据河流的水文特征、水体的面积、形态特征、工作的条件和要求等设置采样断面和确定采样频率。在拟建电站坝址处、未来水库的中心区、沿岸区、主要进出水口附近及支流必须有代表性的采样断面。除定性采集外，在夏、秋 2 次采样中每个调查站点至少有 1 份定量样品。

水样固定：水样应立即用 20 mL 鲁哥氏液加以固定（固定剂量为水样的 1%）。需长期保存样品的，再在水样中加入 10 mL 左右甲醛溶液（浓度 40%）。在定量采集后，同时用 25 号筛绢制成的浮游生物网进行定性采集，专门供观察鉴定种类用。采样时间应尽量在一天的相近时间，例如在 8：00—10：00。

沉淀和浓缩：沉淀和浓缩需要在筒形分液漏斗中进行，但在野外一般采用分级沉淀方法。通常经 24 h 的静置沉淀，然后用细小玻管（直径小于 2 mm）以虹吸方法缓慢地吸去 1/5~2/5 的上层清液，再静置沉淀 24 h，然后吸去部分上清液。如此重复，使水样浓缩到 200~300 mL。然后妥善保存，以便带回室内做进一步处理。在要长期保存的样品中加入少许甲醛，并用石蜡封口。样品瓶上应写明采样日期、调查站点、采水量等。

（二）枝角类和桡足类的采集

枝角类和桡足类的采集包括定性采集和定量采集。

定性采集，采用 13 号筛绢制成的浮游生物网在水中拖曳，将网头中的样品放入 50 mL 样品瓶中，加 4％～5％甲醛溶液 2.5 mL 进行固定。

定量采集，将上述各调查站点的混合水样 10 L（若浮游动物很少，可加大采水量，如 20 L、40 L、50 L，但必须在记录中注明）倒入漂净的（内无浮游生物）25 号浮游生物网中过滤，此时浮游生物即浓缩集中于网头的水样中，收集网头的浮游生物，注入标本瓶。再用滤出的水冲洗一次，也注入标本瓶中。用 4％～5％甲醛溶液固定保存。对标本编号，注明采水量，并贴好标签，记录采集地点、采集时间以及周围环境等。

（三）浮游动物的鉴定

原生动物：将采集的原生动物定量样品在室内继续浓缩到 30 mL，摇匀后取 0.1 mL 置于容量为 0.1 mL 的计数框中，盖上盖玻片后在 20×10 倍的显微镜下全片计数，每个样品计数 2 片；同一样品的计数结果与均值之差不得高于 15％，否则增加计数次数。将定性样品摇匀后取 2 滴于载玻片上，盖上盖玻片后用显微镜鉴定种类，同时进行显微摄影。

轮虫：将采集的轮虫定量样品在室内继续浓缩到 30 mL，摇匀后取 1 mL 置于容量为 1 mL 的计数框中，盖上盖玻片后在 10×10 倍的显微镜下全片计数，每个样品计数 2 片；同一样品的计数结果与均值之差不得高于 15％，否则增加计数次数。将定性样品摇匀后取 2 滴于载玻片上，盖上盖玻片后用显微镜鉴定种类，同时进行显微摄影。

枝角类：将采集的枝角类定量样品在室内继续浓缩到 10 mL，摇匀后取 1 mL 置于容量为 1 mL 的计数框中，盖上盖玻片后在 4×10 倍的显微镜下全片计数，每个样品计数 10 片。定性样品取适量放至培养皿中，在解剖镜下将不同种类挑选出来置于载玻片上，盖上盖玻片后用压片法在显微镜下鉴定种类，同时进行显微摄影。

桡足类：将采集的桡足类定量样品在室内继续浓缩到 10 mL，摇匀后取 1 mL 置于容量为 1 mL 的计数框中，盖上盖玻片后在 4×10 倍的显微镜下全片计数，每个样品计数 10 片。定性样品取适量放至培养皿中，在解剖镜下将不同种类挑选出来置于载玻片上，在显微镜下用解剖针解剖后鉴定种类，同时进行显微摄影。

浮游动物的现存量计算公式如下：

$$N＝nV_1/CV$$

式中：N 为每升水样中浮游动物的数量（ind./L）；V_1 为样品浓缩后的体积（mL）；V 为采样体积（L）；C 为计数样品体积（mL）；n 为计数所获得的个数（ind.）。

原生动物和轮虫生物量的计算采用体积换算法。根据不同种类的体形，按最近似的几何形测量其体积。

枝角类和桡足类生物量的计算采用测量不同种类的体长，用回归方程式求体重。

第三节 调查结果

一、浮游植物

（一）浮游植物组成状况

2017—2018 年在怒江西藏段（图 3-1）4 次调查采集的浮游植物共鉴定出 97 种，隶属于 7 门 42 属。其中硅藻门 26 属 77 种，绿藻门 8 属 10 种，蓝藻门 4 属（种），隐藻门和金藻门各 1 属 2 种，甲藻门和裸藻门各 1 属（种）。由浮游植物组成图（图 3-2）可以看出，浮游植物中硅藻占绝大多数。2017 年共采集 37 种，浮游植物密度范围为 $5.82 \times 10^4 \sim 55.17 \times 10^4$ ind./L，平均密度为 19.94×10^4 ind./L。2018 年采集到 76 种，浮游植物密度范围为 $2.06 \times 10^4 \sim 226.67 \times 10^4$ ind./L，平均密度为 44.497×10^4 ind./L；生物量范围为 $0.014 \sim 3.160$ mg/L，平均生物量 0.481 mg/L。4 次调查采集到的浮游植物名录见表 3-2。

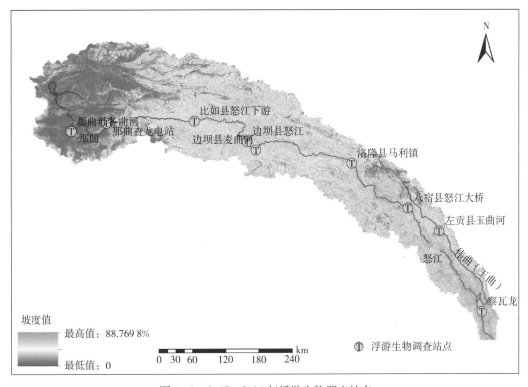

图 3-1 2017－2019 年浮游生物调查站点

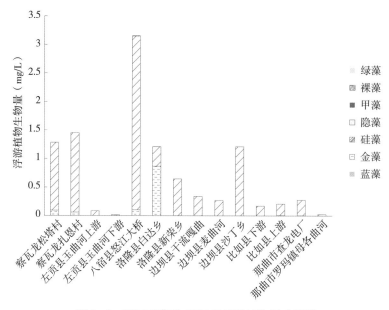

图 3-2　怒江西藏段 2018 年浮游植物组成状况

通过对 2017 年春、秋两季的浮游植物密度对比（图 3-3）分析可以得出，怒江西藏段浮游植物密度在春季（5 月）和秋季（9 月）之间没有显著差异，即浮游植物密度在季节间的差异不显著。此外，由图 3-3 还可看出，浮游植物密度呈现出从下游样点到上游样点逐渐降低的趋势。

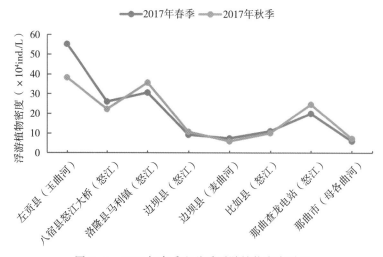

图 3-3　2017 年春季和秋季浮游植物密度对比

通过分析 2017 年浮游植物密度与环境因子之间的关系发现，浮游植物密度仅与海拔和水温呈显著相关关系，与溶解氧、水体流速和电导率之间关系不显著。其中与海拔具有显著负相关关系，与水温具有显著正相关关系，浮游植物密度随着海拔的升高而降低，随水温的升高而升高（图 3-4、图 3-5）。

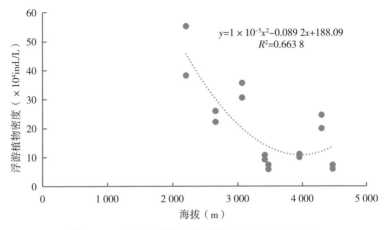

图 3 - 4　2017 年浮游植物密度与海拔之间的关系

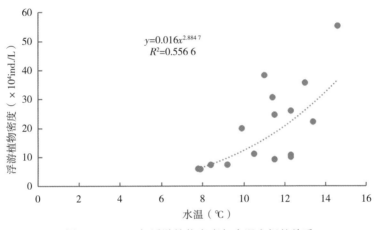

图 3 - 5　2017 年浮游植物密度与水温之间的关系

（二）浮游植物的空间异质性

2017 年 5—6 月和 9 月对怒江西藏段 8 个站点调查得到的浮游植物密度范围分别在 $5.94×10^4 \sim 55.17×10^4$ ind. /L 和 $5.82×10^4 \sim 38.15×10^4$ ind. /L，而 2018 年 4—5 月对怒江流域西藏段范围内 14 个站点调查得到的浮游植物密度范围在 $2.06×10^4 \sim 226.67×10^4$ ind. /L，上述调查结果中浮游植物密度最小值 $2.06×10^4$ ind. /L 在边坝县嘎曲，与最大值比如县下游 $226.67×10^4$ ind. /L 相差极大。

表 3-2　2017—2018 年怒江流域西藏段浮游植物名录

中文名	拉丁名	2017年 ①	②	③	④	⑤	⑥	⑦	⑧	2018年 ①	②	③	④	⑤	⑥	⑦	⑧	⑨
硅藻门	**Bacillariophyta**																	
直链藻属	*Melosira*																	
颗粒直链藻	*Melosira granulata*	+	+	+	+		+	+										
变异直链藻	*Melosira varians*								+								+	
小环藻属	*Cyclotella*																	
小环藻	*Cyclotella* sp.	+								+		+	+	+	+	+	+	+
圆筛藻属	*Coscinodiscus*																	
圆筛藻	*Coscinodiscus* sp.	+	+	+	+	+	+	+	+		+				+			
等片藻属	*Diatoma*																	
长等片藻	*Diatom aelongatum*	+	+	+	+	+	+	+	+			+	+					
冬生等片藻	*Diatoma hiemale*									+	+	+	+	+	+	+	+	
冬生等片藻中型变种	*Diatoma hiemale* var. *mesodon*		+				+	+	+					+			+	
纤细等片藻	*Diatoma tenue*									+		+	+	+	+	+	+	+
普通等片藻	*Diatoma vulgare*	+	+		+	+	+	+	+					+				+
等片藻	*Diatoma* sp.	+																+
扇形藻属	*Meridium*																	
环状扇形藻	*Meridion circulare*									+			+		+	+	+	
峨眉藻属	*Ceratoneis*																	
弧形峨眉藻	*Ceratoneis arcus*	+									+	+	+		+		+	+
脆杆藻属	*Fragilaria*																	
钝脆杆藻	*Fragilaria capucina*														+	+	+	+

（续）

中文名	拉丁名	调查情况																
		2017 年								2018 年								
		①	②	③	④	⑤	⑥	⑦	⑧	①	②	③	④	⑤	⑥	⑦	⑧	⑨
沃切里脆杆藻小头端	*Fragilaria vaucheriae* var. *capitellata*														+			
中型脆杆藻	*Fragilaria intermedia*			+	+	+	+			+	+	+		+	+	+	+	
脆杆藻	*Fragilaria* sp.	+	+	+	+	+	+		+	+	+	+	+	+	+		+	+
针杆藻属	*Synedra*																	
尖针杆藻	*Synedra acus*	+	+	+	+	+	+	+	+	+	+	+	+	+		+	+	+
肘状针杆藻	*Synedra ulna*	+	+	+	+	+	+	+	+	+	+	+	+	+	+	+	+	+
肘状针杆藻缢缩变种	*Synedra ulna* var. *constracta*			+	+	+	+			+	+	+	+				+	+
针杆藻	*Synedra* sp.	+	+	+	+	+	+	+		+	+	+	+	+	+			+
星杆藻属	*Asterionella*																	
美丽星杆藻	*Asterionella formosa*	+		+	+	+	+	+		+	+	+	+	+	+			+
短壳缝属	*Eunotia*											+						
月形短缝藻	*Eunotia lunaris*							+	+									
短缝藻	*Eunotia* sp.	+	+	+	+	+	+	+	+									
锯形短缝藻	*Eunotia serra* var. *serra*							+	+									
布纹藻属	*Gyrosigma*																	
尖布纹藻	*Gyrosigma acuminatum*	+	+	+	+	+	+	+	+									
布纹藻	*Gyrosigma* sp.										+							
辐节藻属	*Stauroneis*																	
双头辐节藻	*Stauroneis anceps*													+			+	
舟形藻属	*Navicula*																	
短小舟形藻	*Navicula exigua*														+			+

（续）

中文名	拉丁名	调查情况																
		2017 年								2018 年								
		①	②	③	④	⑤	⑥	⑦	⑧	①	②	③	④	⑤	⑥	⑦	⑧	⑨
放射舟形藻	*Navicula radiosa*	+											+					
简单舟形藻	*Navicula simplex*		+	+	+	+	+	+	+		+	+			+		+	+
双头舟形藻	*Navicula dicephala*									+					+	+	+	+
瞳孔舟形藻	*Navicula pupula*		+	+	+	+	+	+		+	+	+	+		+	+	+	+
瞳孔舟形藻矩形变种	*Navicula pupula* var. *rectangularis*									+					+	+	+	+
瞳孔舟形藻头端变种	*Navicula pupula* var. *capitata*										+	+	+		+	+	+	+
微绿舟形藻	*Navicula viridula*												+				+	+
系带舟形藻	*Navicula cincta*	+	+	+	+	+	+	+	+	+		+			+		+	
胃形舟形藻	*Navicula gastrum*	+																
舟形藻	*Navicula* sp.		+	+	+	+	+	+	+	+	+	+	+	+	+	+	+	+
羽纹藻属	*Pinnularia*																	
羽纹藻	*Pinnularia* sp.	+	+	+	+	+	+	+	+	+	+		+		+	+	+	+
双眉藻属	*Amphora*																	
卵圆双眉藻	*Amphora ovalis*	+					+	+		+							+	+
桥弯藻属	*Cymbella*																	
胡斯特桥弯藻	*Cymbella hustedtii*	+	+	+	+	+	+			+	+	+	+	+	+		+	
极小桥弯藻	*Cymbella perpusilla*	+	+	+	+		+	+		+	+	+	+	+		+	+	+
近缘桥弯藻	*Cymbella affinis*	+	+	+	+	+		+		+	+	+	+	+	+	+	+	+
两头桥弯藻	*Cymbella amphicephala*	+	+	+	+	+	+	+		+	+	+	+		+			+
膨胀桥弯藻	*Cymbella tumida*	+	+	+	+	+	+	+	+	+	+	+	+	+	+	+	+	+
细小桥弯藻	*Cymbella gracilis*	+							+					+				

（续）

中文名	拉丁名	调查情况 2017年 ①	②	③	④	⑤	⑥	⑦	⑧	2018年 ①	②	③	④	⑤	⑥	⑦	⑧	⑨
纤细桥弯藻	*Cymbella gracilis*										+	+	+	+	+	+	+	
箱形桥弯藻	*Cymbella cistula*	+								+	+	+	+	+	+	+	+	+
箱形桥弯藻驼背变种	*Cymbella cistula* var. *gibbosa*											+				+	+	
优美桥弯藻	*Cymbella delicatula*									+	+		+		+		+	+
胀大桥弯藻	*Cymbella turgidula*											+						
桥弯藻	*Cymbella* sp.		+	+	+	+	+	+	+	+	+		+	+	+	+	+	+
双楔藻属	*Didymosphenia*																	
双生双楔藻	*Didymosphenia geminata*									+	+			+				
异极藻属	*Gomphonema*																	
缠结异极藻	*Gomphonema intricatum*									+	+	+	+		+		+	+
橄榄绿异极藻	*Gomphonema olivaceum*							+	+	+	+	+	+	+				+
纤细异极藻	*Gomphonema gracile*	+	+	+	+	+	+	+	+	+	+	+	+					+
小形异极藻	*Gomphonema parvulum*		+	+	+	+	+	+	+	+	+	+	+	+	+			+
缢缩异极藻	*Gomphonema constrictum*											+						
窄异极藻	*Gomphonema angustatum*							+	+	+	+	+	+	+	+	+	+	+
异极藻	*Gomphonema* sp.									+				+				+
卵形藻属	*Cocconeis*																	
扁圆卵形藻	*Cocconeis placentula*	+	+	+	+	+	+	+	+	+	+	+	+	+	+	+	+	+
曲壳藻属	*Achnanthes*																	
曲壳藻	*Achnanthes* sp.																	
短小曲壳藻	*Achnanthes exigua*	+	+	+	+	+	+	+	+	+	+	+					+	+

39

（续）

中文名	拉丁名	调查情况																	
		2017 年								2018 年								
		①	②	③	④	⑤	⑥	⑦	⑧	①	②	③	④	⑤	⑥	⑦	⑧	⑨
菱板藻属	*Hantzschia*																	
双尖菱板藻	*Hantzschia amphioxys*																+	
菱板藻	*Hantzschia* sp.							+								+	+	
菱形藻属	*Nitzschia*									+								
合皮菱形藻	*Nitzschia palea*		+	+	+	+		+		+	+		+	+	+		+	+
类 S 形菱形藻	*Nitzschia sigmoridea*																+	+
碎片菱形藻	*Nitzschia frustulum*											+		+	+		+	
菱形藻	*Nitzschia* sp.	+	+	+	+	+	+	+		+	+		+		+			
波缘藻属	*Cymatopleura*																	
草鞋形波缘藻	*Cymatopleura solea*																+	
波缘藻	*Cymatopleura* sp.	+		+			+	+	+	+								+
双菱藻属	*Surirella*																	
双菱藻	*Surirella* sp.	+						+		+			+					
椭圆双菱藻	*Surirella elliptica*		+	+	+	+		+										+
卵形双菱藻	*Surirella ovata*											+						
螺旋双菱藻	*Surirella spiralis*								+									
双肋藻属	*Amphipleura*																	
透明双肋藻	*Amphipleura pellucida*	+						+				+						
肋缝藻属	*Frustulia*																	
普通肋缝藻	*Frustulia vulgaris*	+	+		+	+			+									
隐藻门	**Cryptophyta**																	

（续）

中文名	拉丁名	调查情况 2017年 ①	②	③	④	⑤	⑥	⑦	⑧	2018年 ①	②	③	④	⑤	⑥	⑦	⑧	⑨
卵形隐藻	*Cryptomonas ovata*	+					+											
啮蚀隐藻	*Cryptomonas erosa*															+	+	
甲藻门	**Dinophyta**																	
微小多甲藻	*Peridinium pusillum*															+		
裸藻门	**Euglenophyta**																	
裸藻	*Euglena* sp.																+	
绿藻门	**Chlorophyta**																	
弓形藻	*Schroederia* sp.		+	+	+	+	+		+						+			
硬弓形藻	*Schroederia robusta*	+	+	+	+	+	+	+	+									
转板藻	*Mougeotia* sp.	+	+	+	+	+	+	+	+									
水绵	*Spirogyra* sp.	+	+	+	+	+		+	+									
栅藻	*Scenedesmus* sp.	+	+	+	+	+	+	+	+									
集星藻	*Actinastrum* sp.	+	+	+														
十字藻	*Crucigenia* sp.	+	+	+	+		+	+	+									
蹄形藻	*Kirchneriella lunaris*																	
双对栅藻	*Scenedesmus bijuga*																+	
四尾栅藻	*Scenedesmus quadricauda*													+				
蓝藻门	**Cyanophyta**																	
极小假鱼腥藻	*Pseudanabaena minima*											+						
鞘丝藻	*Lyngbya* sp.	+	+	+	+	+	+	+	+									
柱孢藻	*Anabaenopsis* sp.	+	+	+	+	+	+	+	+									

（续）

中文名	拉丁名	调查情况															
		2017 年								2018 年								
		①	②	③	④	⑤	⑥	⑦	⑧	①	②	③	④	⑤	⑥	⑦	⑧	⑨
颤藻	*Oscillatoria* sp.	+	+	+	+	+		+										
金藻门	**Chrysophyta**																	
锥囊藻	*Dinobryon* sp.											+	+		+	+	+	
长锥形锥囊藻	*Dinobryon bavaricum*														+			

注：序号①～⑨分别代表 9 个站点。①代表左贡县玉曲河站点；②代表八宿县怒江大桥站点；③代表洛隆县马利镇站点；④代表边坝县（怒江）站点；⑤代表边坝县
（麦曲河）站点；⑥代表比如县（怒江）站点；⑦代表那曲市查龙电站（母各曲河）站点；⑧代表那曲市（怒江）站点；⑨代表察隅县察瓦龙乡站点。

二、浮游动物

(一)浮游动物组成

2018 年 4—5 月对怒江西藏段进行了浮游动物调查,采集的浮游动物共鉴定出 27 种,分属原生动物、轮虫、枝角类和桡足类。密度范围为 15.15~268.35 ind./L,平均值为 64.697 ind./L;生物量范围为 0.010 0~0.583 7 mg/L,平均值为 0.124 mg/L(表 3-3、表 3-4)。根据 2018 年浮游动物生物量组成状况(图 3-6),怒江西藏段浮游动物以轮虫为主,原生动物、枝角类和桡足类均较少。2018 年调查采集的浮游动物名录见表 3-5。

表 3-3 2018 年怒江西藏段各调查站点的浮游动物密度(ind./L)

调查站点	原生动物	轮虫	枝角类	桡足类	浮游动物
察瓦龙乡	5	10.00	0.00	0.15	15.15
左贡县玉曲河	15	2.50	0.00	0.00	17.50
八宿县	25	30.00	0.10	0.00	55.10
洛隆县	5	37.50	0.00	0.00	42.50
边坝县	5	11.67	0.03	0.03	16.73
比如县	5	32.50	0.00	0.05	37.55
色尼区	145	117.50	5.45	0.40	268.35

表 3-4 2018 年怒江西藏段各调查站点的浮游动物生物量(mg/L)

调查站点	原生动物	轮虫	枝角类	桡足类	浮游动物
察瓦龙乡	0.000 25	0.02	0.000 0	0.000 5	0.020 5
左贡县玉曲河	0.000 75	0.01	0.000 0	0.000 0	0.010 0
八宿县	0.001 25	0.08	0.001 4	0.000 0	0.081 4
洛隆县	0.000 25	0.12	0.000 0	0.000 0	0.120 0
边坝县	0.000 25	0.03	0.000 5	0.000 1	0.030 6
比如县	0.000 25	0.02	0.000 0	0.000 2	0.020 2
色尼区	0.007 25	0.37	0.206 8	0.006 9	0.583 7

通过对 2018 年怒江西藏段浮游动物密度与环境因子之间的关系进行分析发现,从下游察瓦龙江段至上游那曲江段,海拔梯度逐渐增加,水温和溶解氧逐渐降低,流速和 pH 缓慢增加,而浮游动物密度呈逐渐增加的趋势,即浮游动物密度与海拔、pH 呈正相关关系,而与水温和溶解氧呈负相关关系。其中那曲江段的浮游动物密度最高且远高于其他江段,其值达到 268.35 ind./L(图 3-7 至图 3-11)。

(二)浮游动物空间异质性

根据 2018 年 4—5 月对怒江流域西藏段浮游动物调查的结果,浮游动物密度范围为 0~470.1 ind./L,最小值在边坝县嘎曲,最大值在那曲市查龙电站,最小值与最大值之间相差极大,其空间异质性非常显著。

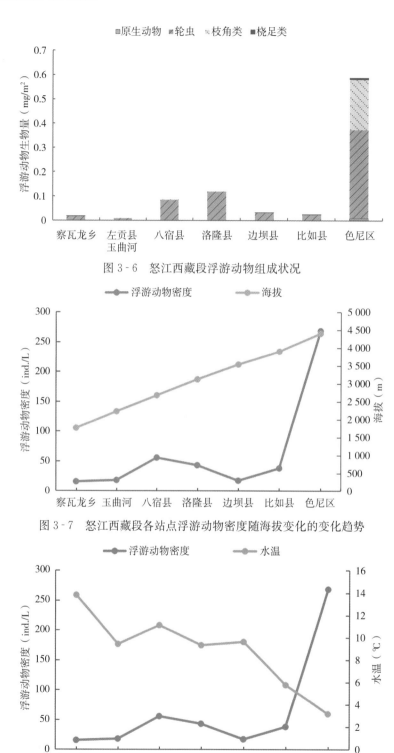

图 3-6 怒江西藏段浮游动物组成状况

图 3-7 怒江西藏段各站点浮游动物密度随海拔变化的变化趋势

图 3-8 怒江西藏段各站点浮游动物密度随水温变化的变化趋势

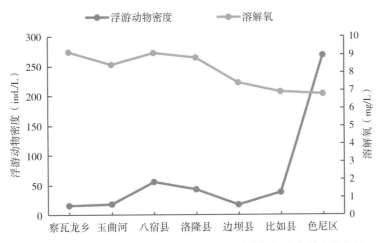

图 3-9　怒江西藏段各站点浮游动物密度随溶解氧变化的变化趋势

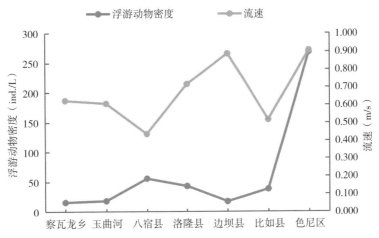

图 3-10　怒江西藏段各站点浮游动物密度随流速变化的变化趋势

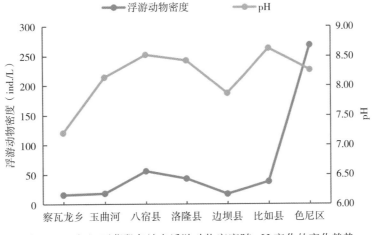

图 3-11　怒江西藏段各站点浮游动物密度随 pH 变化的变化趋势

表 3 - 5　怒江流域西藏段 2018 年浮游动物名录

类别	浮游动物种类 中文名	浮游动物种类 学名	调查情况 ①	②	③	④	⑤	⑥	⑦	⑧	⑨
原生动物	普通表壳虫	*Arcella vulgaris*	+							+	
	针棘匣壳虫	*Centropyxis aculeata aculeata*		+						+	
	无棘匣壳虫	*Centropyxis ecornis*	+	+				+			
	尖顶砂壳虫	*Difflugia acuminata*		+		+					
	长圆砂壳虫	*Difflugia oblonga oblonga*	+	+							+
	片状漫游虫	*Litonotus fasciola*				+					+
	钟虫	*Vorticella* sp.				+		+			
	绿急游虫	*Strombidium viride*							+	+	
	旋回侠盗虫	*Strobilidium gyrans*							+	+	
	王氏似铃壳虫	*Tintinnopsis wangi*							+		
	阔口游仆虫	*Euplotes eurystomus*							+	+	
	纤毛虫	Ciliate							+		
轮虫	转轮虫	*Rotaria rotatoria*	+		+			+		+	+
	红眼旋轮虫	*Philodinaerythrophthalma*			+						+
	尼氏臂尾轮虫	*Brachionus nilsoni*						+			+
	大肚须足轮虫	*Euchlanis dilatata*		+					+		
	前节晶囊轮虫	*Asplanchna priodonta*				+		+	+		
	长肢多肢轮虫	*Polyarthra dolichoptera*				+		+	+	+	
	长圆疣毛轮虫	*Synchaeta oblonga*				+		+			
	没尾无柄轮虫	*Ascomorpha ecaudis*						+			
	小巨头轮虫	*Cephalodella exigua*						+			
	凸背巨头轮虫	*Cephalodella gibba*		+	+						+

（续）

类别	浮游动物种类		调查情况								
	中文名	学名	①	②	③	④	⑤	⑥	⑦	⑧	⑨
枝角类	透明溞	*Daphnia hyalina*							+	+	
	简弧象鼻溞	*Bosmina coregoni*		+			+		+	+	
	圆形盘肠溞	*Chydorus sphaericus*								+	
桡足类	剑水蚤桡足幼体	*Cyclopoida Copepodid*							+		
	无节幼体	Nauplius				+		+	+	+	+

注：序号①～⑨分别代表9个站点。①代表左贡县玉曲河站点；②代表八宿县怒江大桥站点；③代表洛隆县马利镇站点；④代表边坝县（怒江）站点；⑤代表边坝县（麦曲河）站点；⑥代表比如县（怒江）站点；⑦代表那曲市（母各曲河）站点；⑧代表那曲查龙电站（怒江）站点；⑨代表察隅县察瓦龙乡站点。

中　篇

ZHONGPIAN YUYE ZIYUAN

渔业资源

第四章
怒江西藏段渔业经济状况

第一节　渔业发展简况

　　1959 年以前，受封建思想及宗教信仰的影响，西藏当地群众视一些水域的鱼为"神鱼"，认为吃了这种神鱼会遭灾遇险。很少有人知道裂腹鱼类的成熟性腺具有毒性，食用后会产生严重的中毒反应。在个别地区由于某种特殊原因，对鱼类资源也有利用。为了上层社会的需要，经过特许，极个别地方开展过渔业捕捞。如曲水县的君巴村，他们捕捞的渔获物主要供地方贵族、政府官员或在当地的外国人享用。受传统观念和封建意识的影响，在人们心目中，捕鱼人常被看不起，大多数人不愿与捕鱼人通婚。这在客观上限制了西藏鱼类资源的开发利用，使西藏鱼类资源长期以来基本处于自然调节状态，但同时又对西藏鱼类资源起到了一定的保护作用。

　　西藏天然鱼类资源的开发利用始于 1959 年，由于宗教信仰的束缚和生产工具的落后，人们无力从事渔业生产，仅有拉萨曲水少数渔户得到当地"官府"特许，从事渔业生产，卖给上层社会作为祭品或医药之用。1959 年以后，西藏进入了历史发展的新时期，渔业生产开始起步。1960 年 3 月 9 日，西藏军区生产部成立了羊卓雍湖渔业捕捞队，拉开了西藏鱼类资源开发利用的帷幕。捕捞队当年投入容积为 5 t 的船 2 艘，大小拉网 4 趟，生产作业人员 60～80 人，当年捕鱼 255 t；1961—1962 年投入渔船 4 艘，大小拉网 11 趟，年产鱼 475 t；1963 年改为生产建设兵团，年产鱼 600 t。随着生产力的解放，科学技术的普及，以及西藏干部群众生活方式的改变，人们对鱼肉蛋白质有了新的需要，渔业生产有了新的发展。据岳佐和和黄宏金（1964）对藏南 10 个县渔民户数的统计，当时有 200 余户专业和季节性藏族渔业互助组，利用牛皮筏子和网具在雅鲁藏布江沿岸作业捕鱼。拉萨、日喀则、类乌齐及昌都等一些较大的城市集镇都有鲜鱼或干鱼出售，主要捕捞工具是牛皮筏、刺网和小型拖网。较大的专业捕捞队多用大型木船或大型拖网作业，捕捞量较大，这一时期全西藏年产鱼大约为 750 t。

　　进入 60 年代中期，刚刚起步的西藏渔业生产在"文化大革命"中受到了严重影响，众多捕捞队停产、转产，全区仅留下 2 个专业捕捞队，年鱼产量降至 250 t。此外，当时的西藏交通落后，加工、保鲜条件差，销售市场有限，也限制了渔业的发展。

　　党的十一届三中全会以后，随着改革开放政策的贯彻落实，四川、安徽、河南等地的渔民进入西藏从事渔业生产，并带来了橡皮船、多层刺网等一些比较先进的捕鱼技术和工具；同时，西藏自治区各级政府及广大群众进一步解放思想，全区渔业生产迅速恢复，并得到了较快的发展，鱼产量大幅度提高。

　　随着捕捞量的增加，渔业生产已开始向综合方向发展，鱼产品加工业和养殖业开始出现。西藏那曲地区利用当年丰富的鱼类资源，于 1993 年建立了西藏历史上第一家鱼粉加工厂，当年生产鱼粉 70 t，在一定程度上解决了西藏养殖业对动物蛋白饲料的需求，为西藏饲料加工业的发展奠定了基础。

在人工养殖方面，历史上西藏至少有过 3 次将分布于西藏以外的鱼类移入养殖的事件。例如，在拉萨市布达拉宫山下文化宫、龙王潭公园内有生长良好的镜鲤，这无疑是由其他省份移入的养殖鱼品种。从长势来看，说明镜鲤在拉萨海拔 3 600 多 m 的自然条件下依然可以存活、生长。

随着经济建设的不断发展和生活水平的提高，人们对水产品的数量和质量都有了新的要求。根据西藏水文条件，自治区水产局于 1993 年决定在拉萨市近郊开展人工养鱼试点工作，于 1994 年 6 月由四川成都引进建鲤、虹鳟进行试养，该项工作取得了成功，目前引进鱼类长势良好，这项工作带动了西藏鱼类养殖业的发展，使西藏渔业进入了一个崭新的发展时期。

在渔业生产不断发展的同时，西藏的渔政管理工作也从无到有，并得到不断加强。目前从自治区到各个地区（市）和部分县（市）都设立了渔政管理机构，保证了渔业生产的正常发展。

第二节　渔业经济现状

目前西藏渔业生产仍是以开发利用天然水体的经济鱼类和传统捕捞方法为渔业主要生产方式，养殖渔业有所发展，但生产水平很低。据统计，2019 年西藏地区鱼类养殖面积 3 hm^2，水产苗种数量 0.37 亿尾，投放鱼种 23 t，渔业人口 142 人，渔业从业人员 114 人，渔政管理人员 165 人，渔政执法机构 57 个（数据来源：《2020 中国渔业统计年鉴》）。裂腹鱼类是青藏高原及邻近地区的主要鱼类资源，具有重要的资源价值和驯养开发价值，其中齐口裂腹鱼已被驯化养殖成为名优水产养殖品种，产生了良好的经济效益。因此，深入开展裂腹鱼类人工驯养繁殖技术和经济性状的研究，可为裂腹鱼类种质资源的开发利用和保护提供理论依据和技术支撑。

文献记载，怒江流域的鱼类捕捞活动集中分布于高黎贡山下方的六库—红旗桥一带，10 月至翌年 6 月为捕捞期，其中 4—6 月为捕捞旺季，每日有 60～70 只小型渔船连续作业。捕捞工具主要为流刺网、撒网，年捕捞量 1.5～2.5 t，主要渔获物为怒江裂腹鱼、巨坯等（何明华等，2005）。钓鱼是一种传统的作业方式，多在汛期进行。沿江两岸普遍存在钓鱼现象，但捕获量少。堵截支流捕鱼较少发生；毒鱼方式杜绝；其他作业方式还有定置刺网、鱼笼等，方法原始，捕获量少。

第三节　水产养殖相关产业现状

过去很长一段时间，西藏渔业管理力量薄弱，基础设施条件差，渔业专业技术人才和养殖能手严重缺乏，经营粗放。为此，"十二五"期间，中国水产科学研究院在渔业资源调查和保护利用、冷水性鱼类繁育养殖和西藏土著鱼类开发、成果转化、人才培养及基础设施建设等方面为西藏渔业发展提供了全面支撑。

2011年以前，西藏没有独立的水产研究机构，自治区农牧科学院申请建设"高原畜牧水产良种繁育与高效养殖示范区"水产项目，中国水产科学研究院组织专家，先后设计适应高原独特气候的循环水养殖系统、室外流水养殖系统和繁育车间，为西藏建成了第一个比较完整的繁育和养殖系统。

"十二五"期间，中国水产科学研究院接收西藏水产养殖技术人员进行中短期培训40多人次，培训内容涉及冷水性鱼类健康养殖、病害防治、营养需要与环保饲料配制、名特优品种养殖、大水面增养殖、鱼池结构与设计、物理过滤等，一定程度上为带动西藏渔业发展奠定了人才基础。

西藏自治区农牧科学院水产项目从建设到运行，中国水产科学研究院除了提供全程技术支撑和人才培养外，还提供了苗种等科研试验材料。5年内，中国水产科学研究院先后向西藏赠送优良苗种约15万尾、鱼卵5万粒，价值30余万元，赠送鱼卵和苗种的同时，派出技术人员全程跟踪，手把手指导西藏科技人员开展苗种人工孵化、开口人工驯养及苗种培育，为加速西藏渔业发展步伐提供了技术保障。

西藏农牧科学院水产科学研究所创建于2015年11月17日，隶属于西藏自治区农牧科学院，是西藏唯一从事水产科学研究的公益性科研机构。其职责是加强以有效保护与高效利用高原特色水产资源，保护、改善、调节、提升水产资源环境为重点的科技创新，为西藏制定水产资源保护可持续性发展规划提供理论依据与技术支撑。

2012年在拉萨国家农业科技园区建成水产养殖示范基地，包括热水性鱼养殖温室、冷水性鱼高效养殖示范区、冷水鱼综合性苗种繁育间等设施设备。在该基地通过引进，在西藏地区首次成功养殖了斑点叉尾鮰、俄罗斯鲟、虹鳟等优良养殖品种，为开展拉萨裸裂尻鱼、拉萨裂腹鱼、尖裸鲤等高原冷水性鱼驯化繁育研究工作积累了宝贵的数据。

2013年，西藏林芝地区建成异齿裂腹鱼原种场，该原种场可保存性状优良的异齿裂腹鱼原种200～300尾，通过对原种进行长期选育，维持鱼种纯度、防止种质退化；同时，原种场每年还可以繁育60万尾以上优质苗种开展增殖放流，对天然种质资源的保护和恢复具有重要的生态意义。此外，原种场还能为当地异齿裂腹鱼养殖提供亲本，向社会提供优质商品鱼，降低人类社会对自然资源的过度依赖，避免对自然界生态平衡的破坏（周建设等，2013）。

第五章
怒江西藏段鱼类组成与分布

第一节 裂腹鱼类研究进展

一、裂腹鱼类的形态分类

在动物学研究中，形态结构上的显著差异是分类学的主要依据之一。Heckel 首次以横口裂腹鱼（*Schizothorax plagiostomus*）为模式种将具有"须 2 对、背鳍和臀鳍短、咽喉齿 3 排、具臀鳞"等特征的鱼类归为裂腹鱼属（*Schizothorax*），包括当时的 10 种裂腹鱼类，即 A 组的 *Schizothorax plagiostomus* 和 *Schizothorax sinuatus*2 种，B 组的 *Schizothorax curvifrons*、*Schizothorax longipinnis*、*Schizothorax niger* 和 *Schizothorax nasus* 4 种，以及 C 组的 *Schizothorax hugelii*、*Schizothorax micropogon*、*Schizothorax planifrons* 和 *Schizothorax esocinus* 4 种。1842 年 McClelland 以"体被细小鳞片，臀鳍前有一裸露的间隙，其两侧为覆瓦状排列的垂直延长鳞片包围"等为特征建立了裂腹鱼亚科，包括当时的 *Racoma* 和 *Schizothorax* 两个有效属。

多年来，研究人员对裂腹鱼亚科的分类一直持有不同的看法。陈湘粦等（1984）根据裂腹鱼类的骨骼系统特征与鲃亚科进行比较研究，指出裂腹鱼类与鲃亚科鱼类没有显著区别，不宜作为鲤科中的一个亚科对待。而武云飞等（1991）据形态信息整理了青藏高原的裂腹鱼类，并将裂腹鱼亚科分为 11 属（不包括 *Schizocypris*，但将 *Racoma* 作为新的有效属，且将 *Herzensteinia* 归到 *Schizopygopsis*）。其后，陈毅峰等（2000）依据裂腹鱼类特殊的形态特征和地理分布格局，将现代的裂腹鱼类整理为 12 属，这种分类法现已得到广泛认同。

有关裂腹鱼属的分类，目前也存在着 3 种不同的观点。Mirza（1975）依据口的形态、下唇的结构、唇吸盘的有无，将裂腹鱼属细分成 3 个亚属 *Schizothorax*、*Racoma* 及 *Schizopyge*，但这种划分无法确定异唇裂腹鱼（*Schizothorax heterochilus*）、巨须裂腹鱼（*Schizothorax macropogon*）及光唇裂腹鱼（*Schizothorax lissolabiatus*）等的归属。武云飞等（1992）根据下唇是否构成吸盘状、下颌有无角质和角质前后长度等特征将 Heckel 建立的裂腹鱼属划分为 2 个属——裂腹鱼属和弓鱼属，弓鱼属又细分为两个亚属——裂尻鱼亚属（*Schizopyge*）和弓鱼亚属（*Racoma*），这种划分对大理裂腹鱼（*Schizothorax taliensis*）、软刺裂腹鱼（*Schizothorax malacanthus*）和齐口裂腹鱼等物种的归属可靠性值得深究。陈毅峰等（2000）将裂腹鱼亚科中具有"2 对须、下咽齿 3 行或 4 行、体被细鳞"等性状组合的种类全部归入裂腹鱼属，并将下颌角质锐缘存在与否作为亚属划分的分类学依据，目前裂腹鱼属的这种分类方法已被普遍采用。

裂腹鱼类的演化以其形态特征的演化为基础，主要体现在与"须、下咽齿和鳞"等形态特征有关的纵向演化，以及与食性有关的横向变化两个方面。近年来，研究者们依据触须数目、下咽齿行数及体鳞等形态特征的纵向演化，将裂腹鱼类分为 3 个等级类群：①原始等级类群，其特征为触须 1～2 对，下咽齿 3 行，体鳞较小，包括裂腹鱼属、扁吻鱼属

（*Aspiorhynchus*）、裂鲤属等 3 个属（曹文宣等，1981）；②特化等级类群，具有触须 1 对、下咽齿 2 行、体鳞局部或全部退化等特征，包含重唇鱼属（*Diptychus*）、裸重唇鱼属（*Gymnodiptychus*）、叶须鱼属（*ptychobarbus*）等 3 个属（Chen et al.，2001；He et al.，2004）；③高度特化等级类群，主要特征为触须消失、下咽齿 1~2 行、体鳞全部退化等，包括裸鲤属（*Gymnocypris*）、黄河鱼属（*Chuanchia*）、高原鱼属（*Herzensteinia*）、尖裸鲤属（*Oxygymnocypris*）、扁咽齿鱼属（*Platypharodon*）和裸裂尻鱼属（*Schizopygopsis*）等 6 个属（He et al.，2007）。从形态特征的横向变化来看，裂腹鱼亚科鱼类摄食器官和消化器官的形态结构与它们所处的水系特性和摄食习性是相适应的。其中，栖息于深水急流水域的种类，下唇及触须发达，偏食动物性饵料（曹文宣等，1981；黄顺友等，1986）；而口裂宽大和下颌前缘角质发达的种类，一般栖息于高原湖泊和平缓河流中，刮食底栖藻类，偏食植物性饵料（曹文宣等，1981；祁得林等，2006）。

二、裂腹鱼类的物种多样性

裂腹鱼亚科是鲤科鱼类中为数不多的适应中亚山区高寒冷水性自然条件的一个自然类群。据统计，各地描述的裂腹鱼种类超过 100 种（Mirza et al.，1991），但是部分种类为同物异名。根据陈毅峰（2000）、武云飞（1991，1992）、赵新全（2008）、祁得林（2006）等的研究资料，整理出已记录的裂腹鱼类有 12 属 90 种（亚种）。其中，裂腹鱼属种类最多，达 47 种，占裂腹鱼亚科总种数的 52%。其次，裸鲤属和裸裂尻鱼属分别有 14 种和 13 种，约占裂腹鱼亚科总种数的 16% 和 14%。叶须鱼属 5 种，裸重唇鱼属 3 种，裂鲤属 2 种。此外，其余各属均各为 1 种。

三、裂腹鱼类的地理分布

整个裂腹鱼亚科呈现出以青藏高原为中心的分布格局，其范围大致在北起天山山脉和祁连山脉，东至峨眉山山脉和云贵高原，南抵喜马拉雅山山脉，西以兴都库什山脉和帕米尔高原为界的亚洲高原地区（武云飞等，1992；陈毅峰等，2000；赵新全等，2008）。中国是世界上裂腹鱼类种类分布最多的国家。裂腹鱼类在中国主要分布于雅鲁藏布江、独龙江、澜沧江、怒江、元江、珠江、乌江、长江、黄河及其附属水体，以及新疆、西藏、青海和甘肃等地的内陆水体与湖泊。青藏高原的隆起及其阶段性造成裂腹鱼类分布格局由高原边缘向高原腹地特化的现象（武云飞等，1991；陈宜瑜等，1996）。在裂腹鱼亚科鱼类的分布区中，原始等级裂腹鱼类群几乎遍布整个亚科分布的水系中，大部分种类分布于海拔 1 250~2 500 m 的青藏高原各水系，但在黄河却没有分布，其中扁吻鱼属是中国乃至世界上唯一分布在内陆干旱区的属；特化等级类群主要分布海拔为 2 750~3 750 m，其中重唇鱼属只分布在青藏高原的西端往北一直到北疆；高度特化类群主要分布于海拔在 1 500~5 000 m 的青藏高原及其邻近地区各主要水系的中上游，但在天山以北的水系中却没有分布（陈毅峰，2000）。

在裂腹鱼亚科 12 属中，裂鲤属种类少，仅见于巴基斯坦和阿富汗，其余 11 属在我国均有分布。其中，重唇鱼属、叶须鱼属、裸重唇鱼属、裸鲤属和裸裂尻鱼属种类少且在国外仅有零星分布，扁咽齿鱼属为中国特有属，裂腹鱼属广布于青藏高原及其邻近河流，仅在黄河没有分布（陈毅峰，2000；He et al.，2004；He et al.，2007；Regan，1914）。

第二节　西藏裂腹鱼类研究状况

自 1838 年 Heckl 首次报道裂腹鱼类以来，有关西藏裂腹鱼亚科鱼类的生物地理学、生物学和病原学等方面的报道先后出现。《中国鲤科鱼类志》（伍献文，1982）首次对裂腹鱼亚科进行了系统整理，为西藏裂腹鱼亚科鱼类的分类研究奠定了坚实的基础。此后，《青藏高原鱼类》（武云飞等，1992）、《西藏鱼类及其资源》（西藏自治区水产局，1995）等著作在西藏裂腹鱼亚科鱼类的生物学特性等方面进行了详细阐述。随着科研条件的改善和科研方法的不断更新，西藏裂腹鱼类分子生物学等方面的研究报道越来越多。《中国淡水鱼类染色体》（余先觉等，1989）记载了 6 种西藏裂腹鱼类的细胞染色体和核型，开启了近代研究西藏裂腹鱼类分子生物学的起点。

西藏裂腹鱼类是晚第三纪分布于青藏高原的原始鲃类（Barbinae）长期适应高原特殊环境而产生的一个自然类群，其分布区域局限于亚洲中部的青藏高原及其周围水域（武云飞等，1992；西藏自治区水产局，1995；余先觉等，1989；曹文宣等，1981）。由于独特的地理位置、复杂的地形地貌和多样化的水体类型，西藏裂腹鱼类在漫长的历史演变过程中形成了自己独有的特点。从演化发生、种类组成和现代分布来看，西藏裂腹鱼类在我国乃至全世界裂腹鱼类研究中占有主导地位。

一、西藏裂腹鱼类的演化发展

裂腹鱼亚科隶属鲤形目、鲤科，是鲤科鱼类中唯一适应亚洲中部高原地区寒冷、高海拔及强辐射等严酷自然条件的一个自然类群，与鳅科条鳅亚科（主要是高原鳅属）鱼类一起构成了青藏高原鱼类区系的主体。大多数鱼类学家认为，裂腹鱼亚科起源于某些鲃亚科鱼类（曹文宣等，1981；Hora，1937；何德奎，2007）。曹文宣等（1981）对裂腹鱼类的起源和演化及其与青藏高原隆起关系的研究以及武云飞等（1980）对藏北第三纪中新世时期或早上新世期间大头近裂腹鱼（Plesioschizothorax macrocephalus）的研究，也进一步证实了裂腹鱼类的祖先是近似鲃亚科原始属的种类。曹文宣等（1981）还论证了裂腹鱼类体鳞趋于退化并消失、下咽齿行数趋于减少以及触须趋于消失等，是与高原隆起的自然条件改变密切相关的性状变化，是整个亚科鱼类的演化方向。

二、西藏裂腹鱼类的种类组成

我国的裂腹鱼类种数占世界裂腹鱼类有效种数的 80% 以上。我国学者武云飞等（1992）从我国青藏高原及其毗邻地区采集到大批裂腹鱼类标本和第三纪鲤科鱼类化石标本，经整理鉴定和深入研究，发现我国裂腹鱼类（不包括化石鱼类）共 70 个有效种和 9 个亚种，隶属于 11 个有效属。据统计，在当前西藏社会经济快速发展的时期，青藏高原 162 种鱼类（蒋志刚等，2016；谢虹，2012）中有 35 种处于极危、濒危、易危或野外绝灭状态（汪松，2009），其比例超过鱼类总种数的 20％。

第三节　调查时间和站点设置

　　于 2017 年 5—9 月、2018 年 4—10 月和 2019 年 4—10 月对怒江西藏段的鱼类资源状况进行了调查，调查范围包括怒江流域西藏段。

　　基于怒江流域历史资料和近来已有调查资料，根据生境尺度的形态特征、支流汇入情况、交通便利性、人类干扰程度、宗教信仰与生活习俗等因素设置调查站点，选择典型河段断面、典型河段样区，兼顾空间距离的合理性，进行野外调查和观测，原则上根据河流长度每 100 km 设置一个调查站点，实际根据特殊生境、重要敏感区、支流汇入等实际情况进行了调整。设色尼、比如、边坝、马利镇、八宿怒江大桥、察瓦龙等 6 个干流调查江段以及左贡县玉曲河 1 个支流调查河段共 7 个调查站点（图 5-1），每个江段调查范围设为 5 km，每个调查站点根据具体情况设置 2～3 个调查样点，具体见表 5-1。

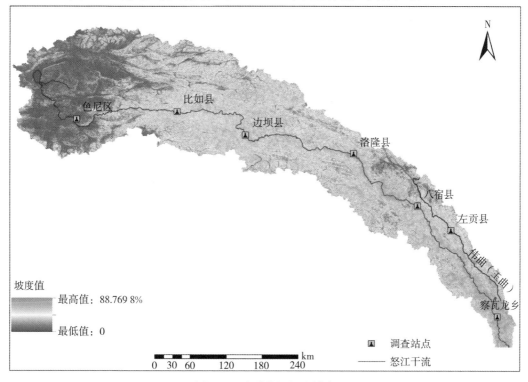

图 5-1　鱼类资源调查站点

表 5-1 2017—2019 年怒江西藏段鱼类资源调查站点情况

样点	东经 (°)	北纬 (°)	海拔 (m)
察瓦龙怒江下游	98.460 175	29.733 307	1 770
察瓦龙怒江上游	98.390 24	28.509 025	1 778
左贡县玉曲河下游	97.755 645	29.733 307	2 214
左贡县玉曲河上游	97.764 560	29.735 200	3 816
八宿县怒江大桥	97.235 776	30.099 773	2 664
洛隆县马利镇	96.323 624	30.811 076	3 100
洛隆县新荣乡	95.768 330	30.957 560	3 264
边坝县怒江	94.631 200	31.157 300	3 419
边坝县麦曲河	94.775 901	31.027 644	3 475
边坝县沙丁乡	94.486 341	31.286 887	3 586
比如县怒江下游	93.772 307	31.487 798	3 822
比如县怒江上游	93.429 415	31.524 792	3 966
那曲市查龙电厂	92.355 752	31.456 648	4 317
色尼区罗玛镇	91.785 004	31.326 798	4 484

注：以流域卫星影像为底图，对调查区域进行野外判读定位。重点针对环境目标敏感地，开展怒江西藏段流域鱼类资源调查。

第四节 调查内容和方法

一、调查内容

鱼类调查的主要内容包括：

（1）怒江鱼类种类组成、种群结构、生长特性、食性、肥满度、性腺发育规律、繁殖习性。具体为：①怒江鱼类种类组成、时空分布格局；②重要鱼类怒江裂腹鱼、裸腹叶须鱼、热裸裂尻鱼等的种群结构、生长特性、食性、肥满度、繁殖生物学（性腺发育规律、繁殖习性、繁殖条件、产卵场）。

（2）鱼类资源量评估：江河渔业资源量、重要物种资源量。

二、调查方法

（一）鱼类区系组成调查

1. 种类组成

通过用不同的网具、对不同的生境采样，并与历史数据进行对比分析，确定是否有新的分布或新的种类。对历史资料有记载而此次采样未捕获的种类，根据其生态习性分析是否在该区域有消失的可能性，并结合渔民走访等形式的调查加以证实。

2. 鱼类资源量及种群动态调查

资源量调查采取渔获物统计、试捕分析方式进行，需要获得的数据包括两个方面：一是年捕捞量、渔船数、渔具及其规格、作业范围等较为详细的渔业现状统计数据；二是渔获物调查，购买单船或者单次捕捞所有渔获物或随机购买多船渔获物，利用渔获物调查记录表和鱼类生物学解剖记录表，做好详细的记录，以便分析种群的性比、种群结构及种群动态等。

（二）标本处理和生物学材料收集

1. 标本处理

对于采集到的每尾鱼类，在其新鲜状态及时测量体长并称体重，同时记录标本的采集地、采集时间、采集人、采集渔具及其规格、采集环境特征等信息。

采集的标本全部固定处理后带回。固定液主要是甲醛溶液、酒精，同时也根据需要取一些组织样品固定于酒精、波恩氏液中，以备进行深入研究。

2. 鳞片等年龄鉴定材料的收集和整理

取耳石作为年龄鉴定的主要材料。同时对有鳞鱼类，取背鳍前缘下方、侧线上方 2～3 行鳞片，选择形态完好、大小基本一致、轮纹清晰的鳞片 5～10 枚，夹在鳞片本内，并编号记录其种名、体长、体重以及采集时间和地点。若野外时间充足，可以在野外整理鳞片。清洗鳞片时不要将鳞片混淆，最好是多准备一些培养皿，一只培养皿只放一份样本。选择清洗干净、形态完好、大小基本一致、轮纹清晰的鳞片 5～10 枚，夹在两片载玻片间，同样要编号并详细记录其种名、体长、体重以及采集时间和地点。无鳞鱼类取鳃盖、鳍条和脊椎骨等材料进行年龄补充鉴定。

3. 渔获物统计和定量采样

按不同日期、地点，完整记录每次采样获得的每尾鱼的种名、体长和体重；应保证渔获物记录中每种鱼的数量和重量的准确性，以便推算鱼类种类结构。

第五节　怒江西藏段鱼类种类组成及分布概况

一、种类组成

怒江西藏段的鱼类分布区划为华西区、青藏（高原）亚区。根据《云南鱼类志》（褚新洛和陈银瑞，1990）、《横断山区鱼类》（陈宜瑜，1998）、《西藏鱼类及其资源》（张春光等，1995)、《西藏自治区志 动物志》(西藏自治区地方志编纂委员会，2005)、《青藏高原鱼类》(武云飞和吴翠珍，1992) 等文献资料，怒江上游西藏段共有鱼类 2 目 3 科 8 属 36 种，其中鳅科 16 种、鮡科 12 种、鲤科 8 种，分别占总数的 44.44％、33.33％ 和 22.22％，鳅科为优势类群。

怒江干流西藏段多为山地急流型，河谷深切，呈 V 形，落差大。其间有大量的深潭，河道沿岸偶有浅滩，地质多为岩石和卵石。特殊的环境孕育了怒江特有的鱼类资源。怒江干流西藏段分布的鱼类主要为能适应高寒地区条件的冷水性鱼类(如裂腹鱼类、高原鳅、鮡类)。其中裂腹鱼类隶属于鲤科 (Cyprinidae)、裂腹鱼亚科 (Schizothoracinae)，是特产于亚洲高原地区的一群鲤科鱼类，它们的共同特征是具有臀鳞，即在肛门和臀鳍两侧各自排列着一列特化的大型鳞片，由此形成了腹部中线上的一条裂缝，故称"裂腹"。主要的裂腹鱼类有贡山裂腹鱼、怒江裂腹鱼、光唇裂腹鱼、裸腹叶须鱼、热裸裂尻鱼等，优势种为怒江裂腹鱼、裸腹叶须鱼、热裸裂尻鱼三种。

二、分布概况

从演化历史分析，怒江西藏段鱼类中，怒江裂腹鱼、裸腹叶须鱼分别为原始和中间两个类群；热裸裂尻鱼为特化类群，多分布在怒江源头地区；高原鳅类绝大部分为广泛分布的物种；鮡科鱼类中扎那纹胸鮡分布于西藏昌都到保山东风桥段怒江干、支流水域，而贡山鮡分布仅见于左贡以下怒江干、支流水域(武云飞和谭齐佳，1991)。

表 5-2 怒江西藏段鱼类名录

序号	鱼名	学名	记录种类	采集种类
1	角鱼	*Akrokolioplax bicornis*	＋	
2	东方墨头鱼	*Garra orientalis* Nichols	＋	
3	墨头鱼	*Garra pingi pingi*	＋	
4	贡山裂腹鱼	*Schigothorax gongshanensis* Tsao	＋	
5	怒江裂腹鱼	*Schigothorax nujiangensis* Tsao	＋	√
6	光唇裂腹鱼	*Schigothorax lissolabiatus* Tsao	＋	√
7	裸腹叶须鱼	*Ptychobarbus kaznzkovi* Nikolsky	＋	√
8	热裸裂尻鱼	*Schizopygopsis thermalis* Herzenstein	＋	√
9	拟鳗副鳅	*Paracobitis anguillioides*	＋	
10	长南鳅	*Schistura longus*	＋	
11	南鳅属一种	*Schistura* sp.	＋	
12	密带南鳅	*Schistura vinciguerrae*	＋	
13	异斑南鳅	*Schistura disparizona*	＋	
14	南方游鳔条鳅	*Pteronemacheilus meridionalis*	＋	
15	异尾高原鳅	*Triplophysa stewartii*	＋	√
16	短尾高原鳅	*Triplophysa brevicauda*	＋	√

（续）

序号	鱼名	学名	记录种类	采集种类
17	斯氏高原鳅	*Triplophysa stoliczkai*	+	√
18	东方高原鳅	*Triplophysa orientalis*	+	
19	圆腹高原鳅	*Triplophysa rotundiventris*	+	
20	拟硬鳍高原鳅	*Triplophysa pseudoscleroptera*	+	
21	细尾高原鳅	*Triplophysa stenura*		√
22	怒江高原鳅	*Triplophysa nujiangensa*	+	
23	赫氏似鳞头鳅	*Lepidocephalichthys hasselti*	+	
24	怒江间吸鳅	*Hemimyzon nujiangensis*	+	
25	穴形纹胸鮡	*Glyptothorax cavia*	+	
26	亮背纹胸鮡	*Glyptothorax dorsalis* Vinciguerra	+	
27	扎那纹胸鮡	*Glyptothorax zainaensis*	+	√
28	德钦纹胸鮡	*Glyptothorax deqinensis*	+	
29	三线纹胸鮡	*Glyptothorax trilineatus*	+	√
30	长鳍褶鮡	*Pseudecheneis longipectoralis*	+	
31	短鳍鮡	*Pareuchiloglanis feae*	+	
32	扁头鮡	*Pareuchiloglanis kamengensis*	+	√
33	贡山鮡	*Pareuchiloglanis gongshanensis*	+	√
34	短体拟鲮	*Pseudexostoma yunnanensis brachysoma*	+	
35	藏鲮	*Exostoma labiatum*	+	
36	无斑异齿鲮	*Oreoglanis immaculatus*	+	
37	缺须盆唇鱼	*Placocheilus cryptonemus*	+	√
38	鲤	*Cyprinus carpio*		√

注：＋表示文献资料记录的物种；√表示调查采集到的物种。

由表 5-2 可以看出，文献资源中记载的鳅的种类最多，有 16 种，其次为鮡类，有 12 种，而常见裂腹鱼类只有 4 种。但无论是生物量还是种群数量，裂腹鱼类在整个江段的分布具有明显的优势。

4 种常见裂腹鱼类均出现在 2017—2019 年度渔获物调查中，但鳅类和鮡类由于常年栖息吸附于岩石或者江底不易捕获，在调查中未能发现所有记录种。

第六节　调查结果

一、种类组成

2017 年 4 月至 2019 年 10 月在怒江西藏段 7 个江段五次调查采集到鱼类 4 059 尾，隶属于 3 科 14 种（表 5-3），主要为怒江裂腹鱼、裸腹叶须鱼、热裸裂尻鱼、光唇裂腹鱼 4 种裂腹鱼类以及缺须盆唇鱼、多种高原鳅类和鮡科鱼类。渔获物总重量为 296 554.21 g。其中怒江裂腹鱼 788 尾，占渔获物总数量的 19.41%；裸腹叶须鱼 1 204 尾，占渔获物总数量的 29.66%；热裸裂尻鱼 1 383 尾，占渔获物总数量的 34.07%；光唇裂腹鱼 33 尾，占渔获物总数量的 0.81%。裂腹鱼类合计 3 408 尾，占渔获物总数量的 83.96%。鳅类总计 601 尾，占渔获物总数量的 14.81％；鲱类 41 尾，占渔获物总数量的 1.01％。

表 5 - 3　怒江流域西藏段 2017—2019 年鱼类调查名录

序号	中文名	学名
1	怒江裂腹鱼	*Schigothorax nujiangensis* Tsao
2	光唇裂腹鱼	*Schigothorax lissolabiatus* Tsao
3	裸腹叶须鱼	*Ptychobarbus kaznzkovi* Nikolsky
4	热裸裂尻鱼	*Schizopygopsis thermalis* Herzenstein
5	异尾高原鳅	*Triplophysa stewartii*
6	短尾高原鳅	*Triplophysa brevicauda*
7	斯氏高原鳅	*Triplophysa stoliczkai*
8	细尾高原鳅	*Triplophysa stenura*
9	扎那纹胸鲱	*Glyptothorax zainaensis*
10	三线纹胸鲱	*Glyptothorax trilineatus*
11	扁头鲱	*Pareuchiloglanis kamengensis*
12	贡山鲱	*Pareuchiloglanis gongshanensis*
13	缺须盆唇鱼	*Placocheilus cryptonemus*
14	鲤	*Cyprinus carpio*

　　怒江西藏段主要经济鱼类为裸腹叶须鱼、怒江裂腹鱼、热裸裂尻鱼 3 种裂腹鱼亚科鱼类，另外几种高原鳅虽然数量大、分布广，但个体小，不形成主要经济渔获对象。

　　本次鱼类资源调查，所捕获鱼类个体从大到小均有；从鱼类资源调查不同断面的结果可知，热裸裂尻鱼、裸腹叶须鱼和高原鳅类在怒江上游全流域分布广泛，资源量丰富，为怒江上游整个流域的优势种。

二、渔获物结构及资源现状

　　怒江上游西藏段渔获物主要包括怒江裂腹鱼、裸腹叶须鱼、热裸裂尻鱼、光唇裂腹鱼以及多种高原鳅类和鲱类，其中热裸裂尻鱼在总的渔获物中占重量比最大，达 36.02％，其次是裸腹叶须鱼（31.39％）和怒江裂腹鱼（30.45％）。数量比最大的是热裸裂尻鱼（34.07％），裸腹叶须鱼在总渔获物中的数量比（29.66％）低于热裸裂尻鱼，其次是怒江裂腹鱼（19.41％），光唇裂腹鱼和鲱类在本次渔获物调查中虽也有捕获到，但数量较少，重量也较低。虽然高原鳅类在本次渔获物调查中在各调查站点均广泛分布，但由于个体较小，无法形成本调查区域的经济鱼类（表 5 - 4）。

表 5 - 4　2017—2019 年怒江西藏段主要渔获物组成分析

种类	重量(g)	重量比(%)	尾数	尾数比(%)	均重(g)	体长范围(mm)	体重范围(g)
怒江裂腹鱼	90 309.8	30.45	788	19.41	114.60 634 517	32～563	0.42～2 024.11
裸腹叶须鱼	93 092.1	31.39	1 204	29.66	77.31 901 993	30～475	0.66～1 355.9

（续）

种类	重量 (g)	重量比 (%)	尾数	尾数比 (%)	均重 (g)	体长范围 (mm)	体重范围 (g)
热裸裂尻鱼	106 844.9	36.02	1 383	34.07	77.25 589 298	28~395	0.41~656.62
缺须盆唇鱼	30.45	0.01	9	0.22	3.38 333 333	58~90	1.56~7.81
光唇裂腹鱼	404.73	0.13	33	0.81	12.26 454 545	45~167	2.08~46.23
鳅类	5 563.64	1.87	601	14.81	9.25 730 449	28~285	0.21~276.5
鮡类	308.59	0.10	41	1.01	7.52 658 536	31~125	0.39~19.72
合计	296 554.21	100	4 059	100			

怒江流域西藏段各调查站点之间的鱼类种类组成及优势种鱼类生长情况均有较大差异（表5-5）。

表5-5 2017—2019年怒江上游西藏段渔获物结构和资源现状情况

地点	鱼名	重量比 (%)	尾数比 (%)	均长 (mm)	均重 (g)	体长范围 (mm)	体重范围 (g)	总重 (g)	总尾数
察瓦龙乡	缺须盆唇鱼	0.01	0.22	70.22	3.38	58~90	1.56~7.81	30.45	9
	怒江裂腹鱼	1.98	5.83	107.89	24.50	44~261	1.6~283.32	5 808.55	237
	光唇裂腹鱼	0.07	0.68	81.84	8.41	45~134	2.08~29.61	235.71	28
	鳅类	0.75	0.93	73.55	58.68	52~111	1.18~8.94	2 230.16	38
	鮡类	0.03	0.59	61.06	3.93	31~97	0.39~14.78	94.53	24
左贡县	怒江裂腹鱼	0.03	0.32	73.00	7.52	32~125	0.42~20.86	97.77	13
	裸腹叶须鱼	2.61	2.56	186.07	74.38	30~312	0.66~327.5	7 735.71	104
	热裸裂尻鱼	6.63	13.74	125.98	35.25	28~325	0.45~457.62	19 673.39	558
	鳅类	0.09	1.55	71.87	4.63	37~285	0.27~276.5	292.02	63
八宿县	怒江裂腹鱼	9.47	6.92	163.06	100.01	63.1~563	3.27~2 024.11	28 103.92	281
	裸腹叶须鱼	1.71	1.47	178.22	84.66	78~298	6.14~127.69	5 079.86	60
	热裸裂尻鱼	0.95	3.15	104.32	22.19	35~173	0.58~63.5	2 840.81	128
	光唇裂腹鱼	0.05	0.09	158.50	40.38	150~167	34.53~46.23	161.52	4
	鳅类	0.18	1.72	119.52	7.63	64~154	2.03~23.59	534.64	70
	鮡类	0.05	0.32	113.75	11.61	95~124	9.1~14.2	151.00	13
马利镇	怒江裂腹鱼	4.55	3.39	168.38	97.98	61~473	4.49~1 325.6	13 522.19	138
	裸腹叶须鱼	4.64	5.09	162.01	66.58	54~284	2.75~202.98	13 784.04	207
	热裸裂尻鱼	1.03	1.23	122.07	61.27	31~395	0.6~656.62	3 063.80	50
	鳅类	0.13	1.15	98.80	8.29	50~148	0.76~18.17	390.08	47
	鮡类	0.01	0.04	115.00	11.81	115.00	11.81	23.62	2
边坝县	热裸裂尻鱼	0.27	0.17	194.85	115.13	65~294	1.08~258.84	805.95	7
	怒江裂腹鱼	4.66	1.03	230.86	329.25	99~428	11.26~1 229.6	13 828.74	42
	裸腹叶须鱼	7.41	6.33	175.02	85.61	43~467	0.8~1 302.5	22 002.80	257
	鳅类	0.00	0.02	94.00	6.17	94.00	6.17	6.17	1
	鮡类	0.03	0.04	125.00	19.72	125.00	19.72	39.44	2

（续）

地点	鱼名	重量比（%）	尾数比（%）	均长（mm）	均重（g）	体长范围（mm）	体重范围（g）	总重（g）	总尾数
比如县	怒江裂腹鱼	9.76	1.89	241.74	375.95	114～480	21.1～1534	28 948.63	77
	裸腹叶须鱼	9.26	13.47	156.20	50.23	65～359	3.41～541.52	27 478.21	547
	热裸裂尻鱼	2.08	3.37	132.99	45.06	54～268	2.27～278.4	6 173.39	131
	光唇裂腹鱼	0.00	0.02	83.00	7.50	83.00	7.50	7.50	1
	鳅类	0.11	1.23	92.79	6.24	50～140	1.～17.82	312.29	50
色尼区	裸腹叶须鱼	5.73	0.71	342.97	586.60	232～475	134.68～1 355.9	17 011.48	29
	热裸裂尻鱼	25.05	12.54	178.56	145.94	32～392	0.41～617.15	74 287.56	509
	鳅类	0.61	8.17	66.54	5.41	28～142	0.21～22.6	1 798.28	332
合计		100.00	100.00					296 554.21	4 059

怒江上游西藏段察隅县察瓦龙江段渔获物主要包括怒江裂腹鱼、光唇裂腹鱼、缺须盆唇鱼、高原鳅和鲱等5种鱼类，共336尾，体长范围为31～261 mm，体重范围为0.39～283.32g。其中怒江裂腹鱼237尾，占察瓦龙江段渔获物总数量比例最高，为70.54％；怒江裂腹鱼重量为5 808.55g，占该江段渔获物总重量的百分比也为最高，达到69.15％。

怒江上游西藏段左贡县玉曲河江段渔获物主要包括裸腹叶须鱼、怒江裂腹鱼、热裸裂尻鱼和多种高原鳅类，共738尾，体长范围为28～325 mm，体重范围为0.27～457.62 g。其中热裸裂尻鱼数量为558尾，所占数量百分比最高，达75.61％；热裸裂尻鱼重量为19 673.39g，所占重量百分比也是最高，达70.77％。

怒江上游西藏段八宿县怒江大桥江段渔获物主要包括怒江裂腹鱼、裸腹叶须鱼、热裸裂尻鱼、光唇裂腹鱼以及多种高原鳅类和鲱科鱼类，共556尾，体长范围为35～563 mm，体重范围为0.58～2 024.11g。其中怒江裂腹鱼数量281尾，所占百分比最高，达50.54％；怒江裂腹鱼重量28 103.92g，所占重量百分比也最高，达76.22％。

怒江上游西藏段洛隆县马利镇江段渔获物主要包括怒江裂腹鱼、裸腹叶须鱼、热裸裂尻鱼以及多种高原鳅类和鲱科鱼类，共444尾，体长范围为31～473 mm，体重范围为0.6～1 325.6g。其中裸腹叶须鱼数量207尾，所占数量百分比最高，达到46.62％；裸腹叶须鱼重量为13 784.04g，所占重量百分比也最高，为44.78％。

怒江上游西藏段边坝县江段渔获物主要包括怒江裂腹鱼、裸腹叶须鱼、热裸裂尻鱼以及多种高原鳅类和鲱科鱼类，共309尾，体长范围为43～467 mm，体重范围为0.8～1 302.5 g。其中裸腹叶须鱼数量257尾，所占数量百分比最高，为83.17％；裸腹叶须鱼重量所占百分比也最高，为59.98％。

怒江上游西藏段比如县江段渔获物主要包括怒江裂腹鱼、裸腹叶须鱼、热裸裂尻鱼、光唇裂腹鱼和多种高原鳅类，共806尾，体长范围为50～480 mm，体重范围为1～1 534 g。其中裸腹叶须鱼数量547尾，所占数量百分比最高，达67.87％；裸腹叶须鱼重量为27 478.21 g，所占百分比为43.67％，仅次于怒江裂腹鱼重量百分比46.01％。

怒江上游西藏段色尼区江段渔获物包括裸腹叶须鱼、热裸裂尻鱼和多种高原鳅类，共870尾，体长范围为28～475 mm，体重范围为0.21～1 355.9g。其中热裸裂尻鱼数量509尾，所占数量百分比最高，达到58.51%；热裸裂尻鱼重量为74 287.56g，所占百分比也是最高，其值为79.80%。

第六章

怒江裂腹鱼类生物学特征、种群结构与资源现状

第一节　西藏裂腹鱼亚科鱼类的生物学特性

一、鱼类区系组成

怒江西藏段鱼类物种、分类阶元均很简单，区系成分单纯，由中亚山地区系复合体和南方山地区系复合体组成。中亚山地区系复合体集中分布在中亚高原山区，主要由鲤科的裂腹鱼亚科的所有种类和条鳅亚科的某些种类组成，这些鱼类具有耐寒、耐碱、性成熟晚、生长慢、食性杂等特点，其生殖腺有毒，是中亚高寒地带的特有鱼类。已有文献记载，怒江西藏段属于该复合体的鱼类有怒江裂腹鱼、裸腹叶须鱼和斯氏高原鳅等 10 种。南方山地区系复合体主要分布在南方热带、亚热带的山区急流里，典型的有鲱科、平鳍鳅科、鲤科的鲃亚科等鱼类。该复合体鱼类多具有适应急流生活的特殊结构或本能，有"吸盘"等特化的吸附构造，分布比较广泛，以中上游和中游数量最多。根据已有文献，怒江西藏段属于该复合体的鱼类有贡山鲱和扎那纹胸鲱 2 种。

二、生态类群

按鱼类的生活习性及主要生活环境和生活水层的不同，可以将怒江西藏段鱼类分为底层鱼类、中下层鱼类和中上层鱼类 3 种类群：

（一）底层鱼类

该类群包括栖息在洞缝隙的鱼类和吸附在水底的鱼类两种。洞缝隙鱼类主要生活在急流水底洞穴及砾石缝隙中，以发达的口须吸取水底低等无脊椎动物为食（沈丹丹，2007），代表鱼类有斯氏高原鳅、短尾高原鳅、细尾高原鳅等。吸附于水底的鱼类一般栖息在急流滩槽的底层，具有特定的吸附结构，能吸附在江河急流险滩水体底层物体上生活，并能攀爬瀑布、跌水而上到上面河段中活动，以底栖动物或着生藻类为食（沈丹丹，2007；徐迅，2013）。怒江西藏段底层鱼类主要为贡山鲱和扎那纹胸鲱。

（二）中下层鱼类

这是怒江西藏段种类最多的类群，主要生活在江河水体中、下层，其中部分种类适应性较强，在流水、缓流水及静水中都能生存自如。身体较长、侧扁，适应于流水、急流水中穿梭游泳、活动掠食；头部呈锥形，适应破水前进，躯干部较长，是产生强大运动的动力源，各鳍发达，尾鳍深叉形，适应于水体中、下层快速游泳，在急流水体中、下层穿梭翻滚捕食低等动物和流水急流水带来的有机食物。怒江西藏段中下层鱼类主要有鲤科的怒江裂腹鱼、裸腹叶须鱼、热裸裂尻鱼。

（三）中上层鱼类

该类群鱼类的栖息、摄食、繁殖等主要活动在江河水体的中、上层完成，也可生存于塘、库、湖泊环境和缓流水环境。一般身体呈长形，稍侧扁，腹部圆，适应于急流水体中、上层穿梭游泳、活动掠食；躯干部长，尾柄粗壮，是产生强大运动的动力源。

三、生长

鱼类的生长是由其遗传型所决定的生长潜能与其生长过程中所遇到的各种环境条件之间相互作用的结果。不同的鱼类通常有着不同的生长方式、生长过程和生长规律。与青藏高原的自然环境相适应，高原鱼类在生长上必然会表现出与其他地区鱼类不同的许多特点。陈毅峰等（2001、2002）在年龄鉴定研究的基础上，对色林错裸鲤的生长方程、生长拐点和生长指标等生长特性进行了研究，发现裸鲤的生长过程尤为缓慢，与其生长的高原环境有直接关系。向枭等（2010、2011、2012）从饲料水平研究了其对齐口裂腹鱼生长、免疫和代谢等指标的影响，为裂腹鱼类专用饲料的开发提供了理论依据。尽管目前有关裂腹鱼类生长的研究有一定积累，然而要满足日益增长的对高原鱼类资源的需求，对高原鱼类生长相关的研究仍然极其缺乏。

四、食性

鱼类的食性是在种的形成过程中对环境的适应而形成的一种特性（季强，2008）。研究鱼类的食性时，不仅要结合具体的研究对象选择不同的方法，而且要与鱼类自身的摄食形态和摄食习性等相联系。有关裂腹鱼类食性的研究报道较多（季强，2008；冷云等，2003、2004；钱瑾等，1998；王典群，1992；张晓杰等，2011；杨学峰等，2011）。季强（2008）对西藏地区6种裂腹鱼类（异齿裂腹鱼、拉萨裸裂尻鱼、巨须裂腹鱼、拉萨裂腹鱼、双须叶须鱼及尖裸鲤）的摄食消化器官形态学与食性进行了研究，发现6种裂腹鱼类的消化道形态结构与其摄食方式和食性相一致，且食物的种类多样性差异较大，着生藻类和底栖无脊椎动物是主要的饵料生物，其丰度是决定各种鱼类种群数量最关键的生物因子。

五、繁殖

与其他鲤科鱼类相比，裂腹鱼类生长速度缓慢，性成熟晚（通常3～6龄），加上近年来种群数量衰退，资源保护显得尤为重要，然而关于裂腹鱼类生物学的报道大部分集中在年龄特征和生长特性的研究，食性分析次之，对繁殖策略方面涉及较少。裂腹鱼类的卵大多为沉性卵，黄色，卵粒直径为 1.5～4.0 mm，绝对繁殖力为 2 300～16 000 粒（张信等，2005；周翠萍，2007）。近年来，部分学者开始对裂腹鱼类野生资源进行驯养（邓民龙等，2006；胡思玉等，2012；徐伟毅等，2002；王万良等，2016；张驰等，2016；刘跃天等，2012），并逐步开展裂腹鱼类的人工繁殖。昆明裂腹鱼（晏宏等，2010）、塔里木裂腹鱼（谢春刚等，2010）、齐口裂腹鱼（蒲德成等，2017）、长丝裂腹鱼（赵树海等，

2016)、花斑裸鲤（鄢思利，2016）、双须叶须鱼（王万良等，2017）等裂腹鱼类相继取得全人工繁养的成功，为裂腹鱼类的增殖放流及资源养护提供了有力的保障。

根据文献记载（武云飞和吴翠珍，1992），裂腹鱼类繁殖一般在河流、湖泊化冰之后开始。在海拔 3 000 m 以上的地区，产卵旺季集中于 5—6 月；低于 3 000 m 的地区，是 4—5 月；而高于 4 000 m 的地区则集中于 6—7 月。产卵鱼群首先出现在干流或较大支流中，此时群体比较集中，易捕捞。产卵场条件和产卵时间，因种属不同而有明显差异。条鳅亚科鱼类一般在融冰结束即开始繁殖，约在 6 月底结束。

第二节　生物学特征

2017—2019 年调查共采集到鱼类 14 种，其中鲤为外来物种。综合乐佩琦（2000）、张春光等（1995）、褚新洛等（1989）及笔者的调查研究结果，怒江西藏段鱼类物种的生物学特征如下：

1. 怒江裂腹鱼（*Schizothorax nukiangensis*）

（1）别名及分类地位。怒江弓鱼。隶属于鲤形目（Cypriniformes）、鲤科（Cyprinidae）、裂腹鱼亚科（Schizothoracinae）。

（2）形态特征。背鳍条 iii-8；臀鳍条 ii-5；胸鳍条 i-18～20；腹鳍条 i-9～11。外侧鳃耙 19～25，内侧鳃耙 25～33。下咽齿 3 行，2·3·5/5·3·2 或 2·3·4/4·3·2。侧线鳞 $96\frac{30 \sim 40}{26 \sim 31}107$。

体长为体高的 3.4～5.7（4.5）倍，为头长的 4.0～5.8（4.7）倍，为尾柄长的 4.9～6.7（5.6）倍，为尾柄高的 8.2～12.4（9.7）倍。尾柄长为尾柄高的 1.1～2.1（1.7）倍。

体延长，侧扁或略侧扁，背、腹缘均隆起，腹部圆。吻钝圆。鼻孔距眼前缘较距吻端为近。口下位，横裂，口裂前端远在眼下缘水平线之下。前颌骨后端位于后鼻孔的下方或稍后。下颌前部有狭长的月牙形角质部分，前缘锐利，弧形或近横直。下唇发达，下唇在下颌角质部分之后呈一连续横带，表面密布乳突，唇后沟连续。须 2 对，约等长，吻须后伸达眼中点或眼后缘的下方，口角须后伸过眼后缘的下方。

背鳍末根不分枝鳍条下段为硬刺，后缘具 10～20 枚锯齿（小标本刺强，锯齿完整；大标本仅基部为硬刺，锯齿细弱）；背鳍起点位于腹鳍起点的直上方或稍前，距吻端与距尾鳍基约相等或距吻端稍远。臀鳍后伸达或几乎达尾鳍下缘的基部。胸鳍后伸至其起点与腹鳍起点间距的 3/5～2/3 处，外角稍尖。腹鳍起点位于体之中点或略靠后，鳍条后伸达其起点至臀鳍起点间距离的 2/3～4/5 处，外角略钝圆。尾鳍叉形，末端略尖。

身体背部及侧部被细鳞，胸及前腹面裸露无鳞（个别标本胸鳍基处有少数鳞片），自胸鳍末端或更后的腹面始有鳞片。腹鳍基外侧各有一明显腋鳞。肛门至臀鳍基两侧各有一列大型臀鳞（约 23 枚）。侧线完全，接近直线或在身体中部微下曲。鳃耙细长，排列较密。下咽骨狭窄，弧形，长为宽的 3.0～3.9 倍。下咽齿基部呈柱形，顶端尖，微钩曲，咀嚼面似匙状；主行前面第一枚齿细小。鳔 2 室，后室长为前室长的 2.2～2.6 倍。肠管长为体长的 2.2（小标本）～4.5（大标本）倍。腹膜黑色。

身体背部蓝灰色或青蓝色，腹侧银白色，各鳍皆为橙黄色，个别标本体背侧散布有不规则的深色斑点。

（3）生态习性。栖息于怒江干支流之中，以着生藻类为食，兼食底栖无脊椎动物。1～6 龄为生长旺盛期，7 龄以上为生长缓慢期。5—7 月为繁殖盛期。分布于怒江中、上游水系（左贡、边坝）。

根据 2017—2019 年采集的 788 尾怒江裂腹鱼的生物学数据测量结果，怒江裂腹鱼的体长范围为 32～563 mm，体重范围为 0.42～2 024.11 g。

2. 光唇裂腹鱼（*Schizothorax lissolabiatus*）

（1）别名及分类地位。光唇弓鱼。隶属于鲤形目（Cypriniformes）、鲤科（Cyprinidae）、裂腹鱼亚科（Schizothoracinae）。

（2）形态特征。背鳍条 iii，8（极个别 7）；臀鳍条 iii，5；胸鳍条 i，16～19；腹鳍条 i，8～9；尾鳍分枝鳍条 19～22。第一鳃弓外鳃耙 12～29（80% 以上为 15～27），内鳃耙 22～34。

体长为体高的 3.44～4.94（4.12）倍，为头长的 4.16～4.85（4.49）倍，为尾柄长的 5.09～6.47（5.77）倍，为尾柄高的 8.70～11.54（9.81）倍。头长为吻长的 2.46～3.13（2.72）倍，为眼径的 4.57～6.13（5.46）倍，为眼间距的 2.09～3.69（2.66）倍。尾柄长为尾柄高的 1.39～2.08（1.7）倍。

体延长，侧扁。吻钝圆。口下位，横裂（大个体）或略呈浅弧形（小个体）。下颌前缘有锐利的角质，下唇不完整，分为左右两叶，唇后沟中断，表面光滑无乳突，唇叶仅在两侧口角处存在。须 2 对，约等长，其长度稍大于眼径，前须超过鼻孔达眼前缘下方，后须后伸近眼后缘之下方。下咽齿 3 行，2·3·5/5·3·2，占 80% 以上；2·3·4/4·3·2，占 15% 以上。

背鳍最后鳍条不分枝，较硬，且后缘锯齿明显，背鳍起点至吻端与至尾鳍基的距离大致相等，胸鳍后伸超过胸鳍基至腹鳍基间距的 1/2。腹鳍起点约在体中点，腹鳍起点一般与背鳍刺或第一分枝鳍条相对。臀鳍后伸不达尾鳍基。尾鳍叉形。

胸、腹部裸露无鳞，或仅在腹鳍基部附近有少数埋于皮下的细鳞，其他部分被细鳞。侧线完全，平直。下咽骨狭窄，呈弧形，下咽齿细圆，顶端尖，稍弯曲。鳔 2 室，后室长度为前室的 2.3～2.85 倍。肠长为体长的 1.5～2.7 倍。腹膜黑色。

体背黄褐色，腹部银白色，尾鳍浅红色。甲醛溶液浸泡标本的体色为背侧暗褐色，腹部浅棕色，各鳍淡褐色。

（3）生态特征。常栖息于河流回水处，主要以下颌刮食着生藻类，也食植物碎叶片。6—8 月为繁殖期。

（4）分布区域。澜沧江上、中游（昌都）。

（5）经济意义。为产区常见经济鱼类。数量较多，常见个体在 0.5 kg 以上。

根据 2017—2019 年采集的 33 尾光唇裂腹鱼的生物学数据测量结果，光唇裂腹鱼的体长范围为 45～167 mm，体重范围为 2.08～46.23 g。

3. 裸腹叶须鱼（*Ptychobarbus kaznakovi*）

（1）别名及分类地位。裸腹重唇鱼。隶属于鲤形目（Cypriniformes）、鲤科（Cyprinidae）、裂腹鱼亚科（Schizothoracinae）。

（2）形态特征。背鳍条 iv-7～8；胸鳍条 i-16～20；腹鳍条 i-8～10；臀鳍条 iii-5。第一鳃弓外鳃耙 14～19；内鳃耙 18～32。侧线鳞 92～118；侧线上鳞 25～35；侧线下鳞 13～31。脊椎骨 47～49。

体长为背吻距的 2.01～2.33 倍，为体高的 4.39～6.88 倍，为尾柄长的 5.16～6.89 倍，为头长的 3.18～6.53 倍。头长为头宽的 1.41～2.28 倍，为头高的 1.45～2.32 倍，为眼径的 4.03～9.19 倍，为吻长的 2.12～3.90 倍，为口径的 2.67～6.44 倍，为颌须长的 2.02～4.82 倍。眼间距为眼径的 1.00～2.73 倍。尾柄长为尾柄高的 1.70～3.33 倍。咽骨长为咽骨宽的 3.00～7.14 倍。

全长 137～435 mm，体长 113～374 mm。体修长，呈棒形，体前部较粗壮，尾部渐细，头锥形，口下位，深弧形，下颌前缘无锐利角质。唇发达，下唇左右两叶在前端连接，唇后沟连续，无中间叶，下唇表面多皱纹。须一对，较长，末端达前鳃盖骨前缘。体表大部被细鳞，仅胸、腹部裸露无鳞。背鳍起点至吻部的距离小于到尾鳍基部的距离，背鳍最后鳍条不分枝，软，后缘无锯齿。腹鳍基部起点与背鳍第 4～6 根分枝鳍条相对。下咽骨细狭，下咽齿 2 行，个别为 3 行，咽齿细圆，顶端尖而弯曲，咀嚼面凹陷。腹膜黑色。背部铅灰色，腹部灰白色，背部、体侧有小型不规则圆斑，各鳍密布小黑点。

（3）生态习性。喜在江河干流洄水或缓流砂石底处活动，主要以无脊椎动物为食。4—5 月为繁殖盛期。分布于金沙江、澜沧江和怒江的上游。

根据 2017—2019 年采集的 1 204 尾裸腹叶须鱼的生物学数据测量结果，裸腹叶须鱼的体长范围为 30～475 mm，体重范围为 0.66～1 355.9 g。

4. 热裸裂尻鱼（*Schizopygopsis thermalis*）

（1）别名及分类地位。热裸裂尻、温泉裸裂尻。隶属于鲤形目（Cypriniformes）、鲤科（Cyprinidae）、裂腹鱼亚科（Schizothoracinae）。

（2）形态特征。背鳍条 iii-8；胸鳍条 i-19；腹鳍条 i-9；臀鳍条 iii-5。下咽齿 2 行，3·4/4·3。第一鳃弓外鳃耙 10～11，内鳃耙 17～18。

体长为体高的 4.33 倍，为尾柄长的 5.00 倍，为头长的 4.25～4.56 倍。眼间距为眼径的 1.10～1.43 倍。口宽为口长的 1.75～2.50 倍。尾柄长为尾柄高的 2.70～2.86 倍。头长为头高的 1.57～1.63 倍，为头宽的 1.80 倍，为眼径的 4.00～5.38 倍。

全长 86～405 mm，体长 68～351 mm。体延长，侧扁，头锥形，吻钝圆。口下位，稍弧形。上颌长于下颌，下颌角质上翘，有锐利角质前缘。唇较窄，分左、右两下唇叶；

唇后沟中断。无须。体表大部裸露无鳞，除臀鳞外，仅在肩胛部分有 1～2 行不规则鳞片。侧线完全、平直。鳃耙稀疏。下咽骨弧形，较宽；下咽齿 2 行，少见 1 行。肠盘曲，其长为体长的 2.5～3.5 倍。腹膜黑色。背鳍刺基部较强，后缘锯齿不甚发达，背鳍起点至吻端的距离小于至尾鳍基的距离，腹鳍起点与背鳍第 4～5 根分枝鳍条相对，极少有与第 3 根分枝鳍条相对的。体背面黑褐色，下部浅棕色，体侧有形状、大小不一的云斑，或密布黑点，并夹有云斑。

（3）生态习性。栖息于高原宽谷河流或湖泊中。摄食藻类和水生无脊椎动物。5—6月为产卵盛期。分布于唐古拉山及怒江水系一带。其分布区较宽，种群数量大，有重要的渔业利用价值。

根据 2017—2019 年采集的 1 383 尾热裸裂尻鱼的生物学数据测量结果，热裸裂尻鱼的体长范围为 28～395 mm，体重范围为 0.41～656.62 g。

5. 缺须盆唇鱼（*Placocheilus cryptonemus*）

（1）地方名及分类地位。油鱼。隶属于鲤形目（Cypriniformes）、鲤科（Cyprinidae）、野鲮亚科（Labeoninae）。

（2）形态特征。背鳍条 iii-8；臀鳍条 iii-5；胸鳍条 i-15；腹鳍条 i-8。鳃耙 22～24。下咽齿 2 行，3·5/5·3。侧线鳞 $46\frac{5}{3}47$，围尾柄鳞 14。脊椎骨 42～46。

体长为体高的 5.9～7.8（6.6）倍，为头长的 4.7～5.6（5.1）倍，为尾柄长的 5.3～6.2（5.8）倍，为尾柄高的 9.4～11（10）倍。头长为吻长的 1.8～2.2（2.0）倍，为眼径的 4.3～5.7（5.0）倍，为眼间距的 1.8～2.2（2.0）倍。尾柄长为其高的 1.6～2.4倍。尾鳍最长鳍条为中央最短鳍条的 2.4～2.5 倍。

体近筒形，尾部略侧扁，腹面扁平。吻圆钝。吻端无珠星。吻皮边缘布满微细乳突并分裂成流苏状。下唇宽阔，形成一圆形吸盘，后缘薄而游离，中央隆起，为一轮廓不清的肉质垫，缺乏马蹄形隆起皮褶，其前缘变厚，成一条横向突起，前缘与下颌之间以及后缘与肉质垫之间均有一浅沟相隔，肉质垫可辨认出马蹄形的雏形。吻皮止于口角，不与下唇相连，与下唇的侧叶有一缺刻相间。无须。眼小、上侧位，眼前间隔微隆起。鼻孔距眼前缘较距吻端为近。鳃孔上角与眼上缘在同一水平线上。鳃孔下方在前鳃盖骨后的垂直线上连于鳃峡。

背鳍无硬刺，起点在腹鳍起点的前上方，距吻端比距尾鳍基为近，其最长鳍条几乎与头长相等。臀鳍距尾鳍基大于距腹鳍起点，后伸不达尾鳍基。腹鳍末端超过肛门，距臀鳍比距胸鳍为近。胸鳍末端钝，远不达腹鳍，相距 10～11 枚鳞片。尾鳍分叉，末端稍钝圆。

鳞中等大，背鳍前鳞深埋于皮下不易辨认，胸腹部平扁，完全裸露。腹鳍基部具腋鳞。侧线平直，向后延伸于尾柄正中。肛门距臀鳍 4～5 枚鳞片。鳃耙细密而长。下咽齿咀嚼面倾斜，内凹，顶端尖而钩曲。鳔小，分为两室，前室卵圆形，后室细长，末端尖。腹膜灰黑色。

浸制标本背部及两侧灰黑，腹部淡黄，奇鳍灰色，偶鳍背面灰色，腹面浅黄色。尾鳍无条纹。

（3）生态习性。喜栖居于清水小河，伏居岩石间隙，刮食岩石表面的泥浆，镜检肠道内容物有摇蚊幼虫、硅藻及丝状藻等，以硅藻为主。繁殖季节为 5 月，卵黄色，卵径大，怀卵量小，22～313 粒，成熟卵径达 3.0 mm。最小性成熟雌性个体体长 68 mm，全长 79 mm。

仅分布于怒江水系，为珍稀种。

根据 2017—2019 年共 7 次调查的结果，缺须盆唇鱼测量标本 9 尾，体长范围为 58～94 mm，体重范围为 1.56～7.81 g。

6. 异尾高原鳅（*Triplophyso stewortii*）

（1）别名及分类地位。刺突条鳅、刺突高原鳅、长鳍条鳅。隶属于鲤形目（Cypriniformes）、鲤科（Cyprinidae）、条鳅亚科（Nemacheilinae）。

（2）形态特征。背鳍条 iii-8～9；臀鳍条 iii-5～6；胸鳍条 i-8～11；腹鳍条 i-6～9；尾鳍条 14～16。第一鳃弓内鳃耙 14～18，外侧鳃耙缺如。脊椎骨 4＋35～37。

体长为体高的 5.7～10.1（7.30）倍，为头长的 4.1～5.2（4.6）倍，为尾柄长的 3.3～4.5（3.8）倍，为尾柄高的 2.0～2.9（2.5）倍。头长为吻长的 2.6～3.0（2.9）倍，为眼径的 4.2～6.0（4.8）倍，为眼间距的 3.4～5.0（3.9）倍。尾柄长为尾柄高的 4.85～7.5（6.50）倍。

身体延长，前躯近圆筒形，尾柄低，前部稍圆，近尾鳍基部处侧扁。头略平扁，头宽等于或稍大于头高，吻长等于或短于眼后头长。口下位，唇厚，上唇缘多乳头状突起，呈流苏状，下唇多深皱褶和乳头状突起，下颌匙状，一般不外露。须中等长，外吻须后伸达后鼻孔和眼前缘之间的下方。颌须后伸达眼中心和眼后缘之间的下方，少数稍超过眼后缘。无鳞，皮肤布满小结节。侧线完全。鳔发达，后室长袋形，膜质，游离于腹腔中。肠短，体长为肠长的 1.1～1.6 倍。

背鳍起点至吻端的距离小于、等于或稍大于至尾鳍基的距离。胸鳍长约为胸鳍、腹鳍基部起点之间距离的 3/5。腹鳍起点相对于背鳍第 1～2 根分枝鳍条，或与背鳍起点相对。腹鳍末端伸达或超过肛门，有的甚至稍超过臀鳍基部起点。尾鳍后缘深凹入，上叶明显长于下叶。

浸存标本基色浅棕或浅黄，背部较暗。背部在背鳍前后各有 3～5 块深褐色横斑，横斑的宽度一般宽于两横斑之间的间隔，体侧有不规则的褐色斑点和斑块，通常沿侧线有 1 列深褐色斑块；各鳍均有褐色小斑点，其中以背鳍、尾鳍最密。

新鲜标本体色浅肉红色，密布黑色不规则斑纹。背鳍、尾鳍各有 2 道黑色横纹带，其他各鳍有少量黑斑。

（3）生态习性。喜栖息于河流或湖泊浅水处的草丛或石砾间，常以剑水蚤、肠盘蚤、摇蚊幼虫或底栖介形虫为食，消化道食物通常很少，消化道充塞度常为 0～1 级。6—7 月为繁殖旺季。主要在湖泊和河流的缓流河段活动。为小型底栖鱼类，经济价值不大，但数量相当多。

在怒江上游那曲、安多和二道河均有分布。其他地区分布较广，如多庆湖、羊卓雍湖、纳木湖、戳错龙错、昂拉仁错、色林错、班公错及狮泉河等地。

7. 短尾高原鳅〔*Trilophysa brevviuda*（Herzenstein）〕

（1）别名及分类地位。小眼高原鳅（*Triplophysa microps*）。隶属于鲤形目（Cypriniformes）、鲤科（Cyprinidae）、条鳅亚科（Nemacheilinae）。

（2）形态特征。背鳍条 iii-6～8；臀鳍条 iii-5；胸鳍条 i-8～11；腹鳍条 i-6～8；尾鳍分枝鳍条 16～18。第一鳃弓内鳃耙变异幅度大，多为 12～14。

身体延长，前躯近圆筒形，后躯（背鳍后）渐侧扁，尾柄较高，其高度与尾鳍基部几乎等高，尾柄起点处的宽度小于尾柄高。头稍扁平，其宽度大于高度，吻长通常等于或稍长于眼后头长，也有短于眼后头长的，口下位，唇较厚，唇面有多或少浅皱褶，下颌匙状。须中等长，外吻须后伸达鼻孔后缘或达鼻孔和眼前缘之间距离的中点，颌须后伸达眼后缘之下方或更长。无鳞，侧线完全，平直。鳔后室退化，仅留一很小的膜质室。肠短。

雄性个体在眼前下方到上颌、眼下方主鳃盖骨前沿到口角上方有两团细密的突起，胸鳍第 1～5 根分枝鳍条上有明显刺突状突起。

（3）生态习性。广布于那曲以下怒江上游干支流。喜栖息于河流流水滩处或浅缓流水或静水处，消化道食物主要为硅藻类及摇蚊幼虫。6—7 月为繁殖季节。

8. 斯氏高原鳅（*Triplophysa stolioczkae*）

（1）分类地位。隶属于鲤形目（Cypriniformes）、鲤科（Cyprinidae）、条鳅亚科（Nemacheilinae）。

（2）形态特征。背鳍条 iii-7～8；臀鳍条 iii-5；胸鳍条 i-7～10；腹鳍条 i-6～7。第一鳃弓内鳃耙 15～20，外侧鳃耙缺如。

体长为体高的 4.91～7.88（6.88）倍，为头长的 4.41～6.35（5.15）倍，为尾柄长的 4.50～6.9（5.30）倍。头长为吻长的 1.64～2.62（2.18）倍，为眼径的 3.22～5.67（4.28）倍，为眼间距的 2.88～4.25（3.41）倍。尾柄长为尾柄高的 2.6～3.44（2.66）倍。

身体延长，前躯较宽，呈圆筒形，后躯侧扁。头部稍平扁，头宽大于头高。吻长通常与眼后头长相等，雄性的吻相对长些，可长于眼后头长。口下位。上唇缘有乳头状突起，呈流苏状，下唇薄而后移，边缘光滑，后部有短乳头状突起。下颌水平，边缘薄而锐利，上、下颌均露出于唇外。须中等长，外吻须后伸达鼻孔之下方，颌须后伸达眼后缘之下或稍超过。无鳞，皮肤光滑。侧线完全。

背鳍背缘平截或微凹入，背鳍基部起点至吻端的距离与背鳍起点至尾鳍基的距离比为 1.05～1.17。胸鳍末端达到胸鳍、腹鳍基部起点之间距离的中点。腹鳍基部起点与背鳍的基部起点或第一、第二根分枝鳍条基部相对，少数相对背鳍基部的稍前，末端伸达臀鳍基部起点。尾鳍后缘凹入，下叶稍长。

甲醛溶液浸存标本体色基色为腹部浅黄，背部、侧部浅褐色，背部在背鳍前、后各有 4～5 块深褐色的宽横斑或鞍形斑，体侧有不规则的斑纹和斑点；也有基色深褐色而斑纹不明显的。背鳍、尾鳍多褐色小斑点。

鳔的后室退化为一个很小的膜质室。肠较长，自"U"字形的胃发出向后，在胃的后方绕折成螺纹形。体长为肠长的 0.8～1 倍。

（3）生态特征。栖息在急流河段浅滩的石砾缝隙中，以硅藻类植物和底栖动物为食，并以植物性食料为主。

9. 细尾高原鳅（*Triplophysa stenura*）

（1）分类地位。隶属于鲤形目（Cypriniformes）、鲤科（Cyprinidae）、条鳅亚科（Nemacheilinae）。

（2）形态特征。背鳍条 iii-7～19；臀鳍条 iii-5；胸鳍条 i-9～11；腹鳍条 i-7；尾鳍分枝鳍条 12～16。第一鳃弓内侧鳃耙 12～16。

体长为体高的 5.9～7.2（6.7）倍，为头长的 4.2～4.8（4.5）倍，为尾柄长的 3.8～4.4（4.2）倍，为尾柄高的 15.4～17.7（16.7）倍，为前背长的 1.9～2.0（2.0）倍。头长为吻长的 2.1～2.4（2.2）倍，为眼径的 4.9～7.3（6.0）倍，为眼前距的 3.4～4.1（3.7）倍，为鳃峡宽的 2.8～3.1（3.0）倍。尾柄长为尾柄高的 3.6～4.5（4.0）倍。尾鳍最长鳍条为最短鳍条的 1.1～1.3（1.2）倍。

体延长，呈圆筒形，仅在尾鳍基附近略侧扁。背缘轮廓线弧形，自吻端至背鳍起点逐渐起，往后逐渐下降。腹缘轮廓线较直，腹部圆。头大，略平扁。吻略呈锥形，吻长略大于眼后头长。鼻孔较接近眼前缘而远离吻端；前、后鼻孔靠近，前鼻孔位于鼻瓣中，鼻瓣后缘呈三角形，末端仅伸达后鼻孔后缘。眼较小，位于头背侧，腹视不可见。眼间隔宽平，明显大于眼径。口下位，浅弧形。上、下唇厚，有较深的皱褶。下唇中央有一缺刻，缺刻之间有浅的中央颏沟。上颌弧形，下颌匙状，边缘不锐利。须 3 对，较长。内侧吻须后伸接近前鼻孔，外侧吻须伸达前、后鼻孔间的垂直线，口角须伸达眼中央至眼后缘的两垂直线之间。尾柄细长，其起点处的宽约等于该处的高。

背鳍起点距吻端等于或略大于距尾鳍基，外缘平，鳍条末端略伸过臀鳍起点的垂直线或与之齐平。臀鳍起点距腹鳍起点明显小于距尾鳍基，鳍条末端远不达尾鳍基。胸鳍长约占胸鳍、腹鳍起点间距的 58%～72%。腹鳍起点在背鳍起点之略前或与背鳍第 1～2 根分枝鳍条相对；距胸鳍起点明显大于距臀鳍基后端，末端伸过肛门。肛门位置较后，距臀鳍起点约占臀鳍起点至腹鳍基后端间距的 22%～24%。尾鳍略凹。

全身裸露无鳞。侧线完全。腹鳍黄色。肠短，在胃后成"Z"字形弯曲。鳔前室包于骨质鳔囊中，鳔后室退化。

次性征表现为雄鱼在眼前缘至口角具一隆起区，其上布满小刺突；胸鳍外侧 5～6 根鳍条背面有垫状隆起，其上也布满小刺突。

新鲜标本体色暗黄，布满黑色斑点。体背部有 6～10 个较大横斑。尾鳍基部有一较大横斑。背鳍黑色横纹 1 条，尾鳍黑色横纹 2 条。

浸制标本基色浅黄或淡白。沿侧线具 10～14 个近圆形斑。体背具 6～10 个宽横斑。背中线与侧线间的体侧具众多细小的按肌节分布的 V 形斑。背鳍具斑纹 1 条，尾鳍具斑纹 2 条，其余各鳍无明显斑纹。

（3）分布范围。分布在怒江上游八宿县，中游贡山、福贡，以及下游的龙陵县三江口。另外广布于金沙江和澜沧江的中上游。

根据 2017—2019 年采集的 45 尾细尾高原鳅的生物学数据测量结果，细尾高原鳅的体长范围为 50～102 mm，体重范围为 1～8 g。

10. 扎那纹胸鮡（*Glyptothorax zainaensis*）

（1）地方名及分类地位。红鱼。隶属于鲇形目（Siluriformes）、鮡科（Sisoridae）。

（2）形态特征。背鳍条 ii-6；臀鳍条 ii-9～11；胸鳍条 i-9～11；腹鳍条 i-5。鳃耙 5～9。脊椎骨 37～40。

体长为体高的 4.1～6.5（5.0）倍，为头长的 3.5～4.3（4.0）倍，为尾柄长的 4.7～6.2（5.3）倍，为尾柄高的 10～13.8（11.6）倍。头长为吻长的 2.0～2.5（2.3）倍，为眼间距的 3.5～4.7（4.2）倍，为眼径的 7.6～10.2（9.1）倍，为口裂宽的 2.4～3.0（2.6）倍，为头高的 1.2～1.7（1.4）倍，为头宽的 1.1～1.4（1.2）倍，为背鳍刺长的 1.7～2.3（2.0）倍，为胸鳍刺长的 1.4～2.0（1.6）倍。头宽为头高的 1.0～1.5（1.2）倍。眼间距为眼径的 7.6～10.2（9.1）倍。尾柄长为尾柄高的 1.8～3.0（2.2）倍。胸吸着器长为宽的 1.2～1.6（1.4）倍，上枕骨棘长为其基部宽的 1.9～4.0（3.1）倍。

体延长，背缘拱形，腹鳍前腹缘近直。头部平扁，头后躯体略侧扁或近圆筒形，向尾端逐渐侧扁。头小，背面被皮肤。吻扁钝或略尖。眼小，背侧位，位于头的后半部。口下位，口裂小，横裂；上颌前缘略呈浅弧形；前颌齿带新月形或两端微后弯，口闭合时齿带前部显露。须 4 对；鼻须后伸达到眼中部，颌须达到或伸过胸鳍基后端，外侧颏须伸过胸鳍起点。鳃峡宽略大于两内侧颏须基部的间距。

背鳍高等于或小于其下体高，背鳍基骨三角形，包埋于皮下，其前突与上枕骨棘不相触。脂鳍小，基长为其起点至背鳍基后端距离的 1/2，后端游离。臀鳍起点位于脂鳍起点稍前的下方，鳍条后伸达或几达脂鳍后缘的垂直下方。胸鳍长小于头长，其刺基、鳍条后伸达或几达臀鳍起点。尾鳍长等于或略小于头长，深分叉，中央最短鳍条长约为最长鳍条长的 1/3，上下叶等长。

偶鳍不分枝鳍条腹面无细纹皮褶。匙骨后突明显，部分裸出。第五脊椎横突远端与体侧皮肤连接。皮肤被疏密不等的硬质颗粒或齿突。侧线完全，沿侧线有一列排列整齐的颗粒。背中线可见髓棘膨大远端。胸吸着器纹路清晰完整，中部无明显的无纹区。

体黄色或深褐色，腹部淡黄。背中线黄色，体侧呈略明亮的细线，背鳍基两侧各有一明亮小斑，各鳍黄色，背鳍、臀鳍、胸鳍、腹鳍基部及中部各有一深浅不等的灰色斑块，尾鳍基部深灰，向尾尖渐呈淡黄色。

（3）生态习性。在怒江从西藏昌都到云南保山东风桥干支流都有分布。另外还分布于澜沧江水系。

主要摄食水生无脊椎动物，包括水生昆虫、铁线虫等。雌性卵巢黄绿色，繁殖期在 5—6 月，卵径约 1 mm。

根据 2017—2019 年采集的 16 尾扎那纹胸鮡的生物学数据测量结果，扎那纹胸鮡的体长范围为 37～74 mm，体重范围为 1～5 g。

11. 三线纹胸鳅（*Glyptothorax trilineatus*）

（1）分类地位。隶属于鲇形目（Siluriformes）、鳅科（Sisoridae）。

（2）形态特征。背鳍条 ii-6；臀鳍条 iii-8～11；胸鳍条 i-9～11；腹鳍条 i-5。鳃耙 9～13。脊椎骨 36。

体长为体高的 4.8～6.2（5.7）倍，为头长的 3.8～4.3（4.0）倍，为尾柄长的 4.9～6.0（5.3）倍，为尾柄高的 8.5～14.8（11.4）倍。头长为吻长的 1.9～2.6（2.1）倍，为眼间距的 3.0～4.0（3.4）倍，为眼径的 7.7～10.0（8.6）倍，为口裂宽的 2.1～3.1（2.6）倍，为头高的 1.4～1.9（1.6）倍，为头宽的 1.1～1.4（1.2）倍，为背鳍刺长的 1.8～2.5（2.0）倍，为胸鳍长的 1.3～2.2（1.8）倍。头宽为头高的 1.2～1.6（1.3）倍。眼间距为眼径的 2.0～2.9（2.5）倍。尾柄长为尾柄高的 1.6～2.9（2.3）倍。胸吸着器长为宽的 1.3～1.7（1.5）倍。上枕骨棘长为其基部宽的 2.6～3.7（3.1）倍。

体延长，背缘拱形，腹缘略圆凸。头部平扁，略小，背面被厚皮肤，头后身体侧扁。吻扁钝。眼小，背侧位，略位于头的后半部。口下位，横裂；下颌前缘接近横直；前颌齿带新月形，口闭合时齿带前部略显露。须 4 对，鼻须达到或不达眼前缘；颌须后伸达胸鳍基后端；外侧颏须达胸鳍起点；内侧颏须达胸吸着器前部。鳃峡宽约等于两内侧颏须基部的间距。

背鳍高约等于或小于其下体高，起点距吻端较距脂鳍起点为远。背鳍刺软弱，后部光滑或略粗糙。背鳍基骨三角形，包被皮肤。脂鳍较小，后端游离，其基长约为其起点至背鳍基后端距离的 2/3。臀鳍起点位于脂鳍起点的后下方，鳍条后伸达或略超过脂鳍后缘的垂直下方。胸鳍长小于头长，后缘具锯齿。腹鳍起点位于背鳍基后端的垂直下方，距吻端小于距尾鳍基，鳍条后伸达或几达臀鳍起点。尾鳍长大于头长，深分叉，末端尖，下叶略长于上叶。

偶鳍不分枝鳍条腹面无细纹皮褶。匙骨后突短钝，包被皮肤。第五脊椎横突远端不与体侧皮肤连接。皮肤被细软颗粒。侧线完全。胸吸着器纹路清晰完整，中部有一狭长的无纹区，后端开放。

体棕黑色，沿背中线及侧线各有一明显的淡黄色宽纵带。臀鳍、腹鳍上方的体后腹侧有一不太明显的亮纵带。背鳍、胸鳍、尾鳍深灰色，边缘浅黄色。臀鳍、腹鳍浅黄色，基部深灰色。

（3）生态习性。主要分布在怒江下游支流绿根河，另外在大盈江、龙川江及怒江支流枯柯河也有分布。

根据 2017—2019 年采集的 5 尾三线纹胸鳅的生物学数据测量结果，三线纹胸鳅的体长范围为 72～95 mm，体重范围为 6～15 g。

12. 扁头鳅（*Pareuchiloglanis kamengensis*）

（1）地方名及分类地位。扁头鱼。隶属于鲇形目（Siluriformes）、鳅科（Sisoridae）。

（2）形态特征。背鳍条 i-5～6；臀鳍条 i-4～5；胸鳍条 i-14～16；腹鳍条 i-5。

体长为体高的 6.2～7.8（6.9）倍，为头长的 3.6～4.5（4.1）倍，为尾柄长的 5.0～6.2（5.6）倍，为前背长的 2.8～3.1（3.0）倍。头长为吻长的 1.7～2.0（1.8）倍，为

眼间距的 3.0～4.8（3.8）倍，为头宽的 1.0～1.2（1.05）倍，为口宽的 2.4～3.0（2.7）倍。尾柄长为尾柄高的 2.0～3.0（2.4）倍。

背缘微隆起，腹面平直。头较大，前端楔形。吻扁而圆。眼小，背位，距吻端大于距鳃孔上角。口大，下位，横裂，闭合时前颌齿带部分显露。齿细柱状，末端尖，外列齿较粗壮且齿冠略扁，尤以下颌齿为显著，越往里越尖细，埋于皮下，仅露尖端。前颌齿带中央有明显缺刻。唇后沟不通，止于内侧颏须的基部。口的周围密布小乳突。鼻须几达或刚达眼前缘；颌须末端钝圆或略尖，几达或略超过胸鳍起点；外侧颏须伸达胸鳍起点；内侧颏须稍短。鳃孔下角与胸鳍第 3～5 根分枝鳍条的基部相对，位于胸鳍基中点或稍下。

背鳍外缘微凸或平截，起点距吻端等于距脂鳍起点稍后；平卧时鳍条末端略超过腹鳍基后端的垂直上方。脂鳍后端不与尾鳍连合，起点与腹鳍末端相对或稍前，基长小于、等于或大于前背长。臀鳍起点距尾鳍基显著小于距腹鳍基后端，个别可相等。胸鳍刚达或超过腹鳍起点。腹鳍明显不达肛门，少数几乎达肛门。肛门距臀鳍起点显著较距腹鳍基后端为近。尾鳍平截或微凹。

胸部密布乳突，个体越大，乳突越多，分布面越广。下唇两侧与颌须基膜之间有明沟隔开，呈半游离的唇片。侧线平直，不太明显。

周身灰黑，腹部乳黄。背鳍中央、脂鳍起点和末端，以及尾鳍中央各有一界限不清的黄斑，偶鳍边缘略淡。

（3）生态习性。生活在多石的主河道和溪流，水流很急或在岩石上翻滚。平时伏居石缝间隙，主食水生昆虫如毛翅目、蜉蝣目及鞘翅目的幼虫，以及少量植物沉渣。胃检发现蚯蚓和蝌蚪的残体。养在脸盆里，腹部紧贴盆壁，借偶鳍和身体左右移动，匍匐前进，可以"爬"出盆外。离水不会立即死亡。

洄游：在 4 月底 5 月初由怒江干流上溯到支流上游生活，10 月之后由支流上游向下到怒江干流越冬。

（4）繁殖。繁殖季节为 5—6 月。成熟雌性性腺黄色，卵粒大，直径达 3.2 mm。怀卵量少，225～918 粒。雄性性腺分支状，成熟性腺乳白色，布满较大血管。

根据 2017—2019 年共 7 次调查的结果，扁头鮡测量标本 11 尾，体长范围为 87～125 mm，体重范围为 6～20 g。

13. 贡山鮡（*Pareuchiloglanis gongshanensis*）

（1）地方名及分类地位。扁头鱼。隶属于鲇形目（Siluriformes）、鮡科（Sisoridae）。

（2）形态特征。背鳍条 i-5～6；臀鳍条 i-4；胸鳍条 i-15～16；腹鳍条 i-5。

体长为体高的 8.1～9.5（8.7）倍，为头长的 4.0～4.4（4.1）倍，为尾柄长的 4.8～5.5（5.05）倍，为前背长的 2.7～3.2（3.0）倍。头长为吻长的 1.7～1.8（1.74）倍，为眼间距的 3.9～4.8（4.3）倍，为头宽的 1.1～1.2（1.13）倍，为口宽的 2.5～3.1（2.8）倍。尾柄长为尾柄高的 3.9～4.6（4.2）倍。

背缘微隆起，腹面平直。背鳍前纵扁，往后逐渐侧扁。头平扁，前端楔形。吻端圆。眼小，背位，距吻端大于距鳃孔上角。口大，下位，横裂，闭合时前颌齿带部分显露。齿尖锥形，外侧齿的齿端略侧扁，齿冠棕色，内列齿尖细。前颌齿带中央有明显缺刻。唇后沟不通，止于内侧颏须的基部。口的周围密布小乳突。鼻须刚达眼前缘；颏须末端钝圆或具尖突，超过胸鳍起点，但不达鳃孔下角；外侧颏须几达胸鳍起点；内侧颏须稍短。鳃孔小，下角与胸鳍第3～4根分枝鳍条的基部相对，约位于胸鳍基中点。

背鳍外缘微凸或平截，起点距吻端等于距脂鳍起点稍后，平卧时鳍条末端略超过或显著超过腹鳍基后端的垂直上方。脂鳍后端不与尾鳍连合，起点与腹鳍基后端相对，可稍前或稍后，基长小于或等于前背长。臀鳍起点距尾鳍基等于距腹鳍基后端。胸鳍刚达腹鳍起点。腹鳍不达肛门。肛门距臀鳍起点显著较距腹鳍基后端为近。尾鳍微凹。

胸部密布小乳突，腹部光滑或有小皱纹。下唇两侧与颏须基膜之间有明沟隔开，呈半游离的唇片。侧线平直，不太明显。周身灰色，无黄色斑块；腹部灰白略带微黄。尾鳍黑色，中央有一黄斑。

（3）生态习性。生活在多石、水势湍急的主河道和溪流。主要摄食水生昆虫。分布在怒江上游水系。

根据2017—2019年共7次调查的结果，贡山鮡测量标本3尾，体长范围为95～123 mm，体重范围为9～20 g。

第三节　优势种种群结构特征

一、优势种

根据特定物种的出现频率（F）和相对多度（P）来确定该物种的常见性和优势度，F和P的计算公式分别为：

$$F_i = S_i/S \times 100\%$$
$$P_i = N_i/N \times 100\%$$

式中：S_i为i物种的出现样点数；S为所有样点总数；N_i为i物种的个体数；N为所有渔获物个体总数。

根据F和P计算每个物种的相对重要性（IRI），根据相对重要性指数来判断不同鱼类的优势度，如果其值＞100，则视为优势种（严云志等，2010），计算公式为：

$$IRI_i = P_i \times F_i \times 10^4 \text{（Krebs，1989）}$$

经计算，调查区域内鱼类物种中，优势种主要有怒江裂腹鱼（IRI=1 326，F=69.70%，P=19.02%）、裸腹叶须鱼（IRI=2 859，F=87.88%，P=32.54%）和热裸裂尻鱼（IRI=2 030，F=63.64%，P=31.91%）三种裂腹鱼。光唇裂腹鱼相对重要性指数为15，低于100，不是调查区域的优势种。

在年龄鉴定的钙化骨质材料中，微耳石为最理想的年龄鉴定材料，鳃盖骨和脊椎骨可作为辅助鉴定材料，三种材料中，微耳石的吻合率是最高的。因此，笔者对渔获物进行常规生物学测量后，对样本进行解剖并获取年龄鉴定材料，采用钙化组织分析法鉴定样本的年龄，并分析鱼类种群的年龄结构，取耳石进行年龄鉴定。

采用利用常规生物学方法测量所得的鱼类体长、体重等数据与年龄鉴定结果构建生长方程，分析可得怒江西藏段优势鱼类物种的生长特性。

二、年龄结构

通过对 2017—2019 年 7 次调查采集的渔获物进行年龄鉴定分析，可得出三种优势鱼类物种年龄与频数之间的关系（图 6-1、图 6-2、图 6-3）。

由图 6-1、图 6-2 和图 6-3 可看出，怒江裂腹鱼年龄在 1～10 龄，随着年龄的增加个体数呈现先增加后减少的趋势，其中 3 龄个体最多，其次是 4 龄个体。裸腹叶须鱼和热裸裂尻鱼的年龄频数分布趋势与怒江裂腹鱼相似，都是随着年龄的增加个体数呈现先增加后减少的趋势。以上三种优势鱼类所呈现出的年龄频数分布趋势可能与高海拔地区环境恶劣、不容易存活到高龄有关。

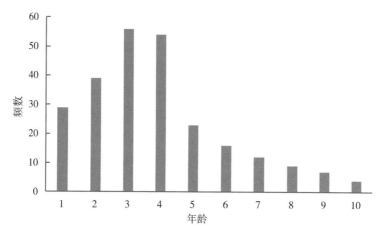

图 6-1　怒江裂腹鱼年龄频数分布

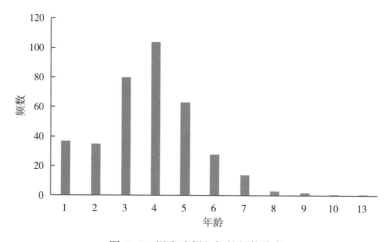

图 6-2　裸腹叶须鱼年龄频数分布

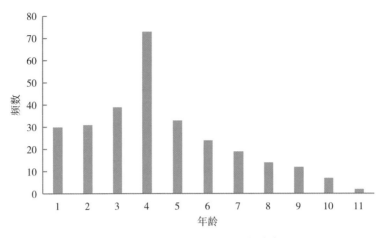

图 6-3　热裸裂尻鱼年龄频数分布

三、生长特征

选用线性、对数、多项式、乘幂、指数五种回归模型对三种优势鱼类体长（L，mm）和耳石半径（r，mm）进行拟合，选择相关系数最大的模型作为最终的结果，分析得到：怒江裂腹鱼和热裸裂尻鱼两种优势鱼类物种的体长与耳石半径之间呈明显的多项式关系，其关系式分别为：怒江裂腹鱼 $y=64.687x^2+186.68x-64.99$，$R^2=0.916\,3$；热裸裂尻鱼 $y=58.968x^2+120.59x-19.559$，$R^2=0.927\,8$。裸腹叶须鱼体长与耳石半径之间呈显著的线性关系，其关系式为：$y=216.93x-42.758$，$R^2=0.818\,4$。怒江裂腹鱼、热裸裂尻鱼与裸腹叶须鱼体长与耳石半径之间的关系如图 6-4、图 6-5、图 6-6 所示。

同样选用线性、对数、多项式、乘幂、指数五种回归模型对三种优势鱼类体长（L，mm）和年龄进行拟合，结果发现怒江裂腹鱼、裸腹叶须鱼和热裸裂尻鱼三者均是多项式模型的相关系数最大，其年龄与体长的拟合模型关系式分别为：怒江裂腹鱼 $y=0.635\,4x^2+27.692x+46.256$，$R^2=0.934\,9$；裸腹叶须鱼 $y=-0.476\,7x^2+35.853x+35.148$，

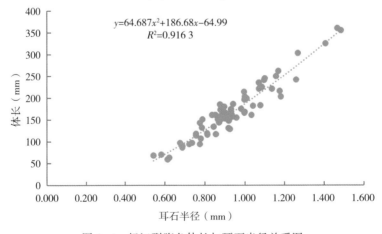

图 6-4　怒江裂腹鱼体长与耳石半径关系图

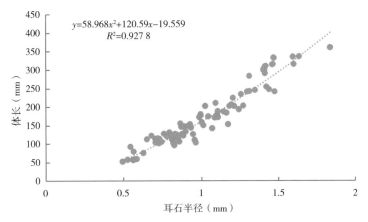

图 6-5　热裸裂尻鱼体长与耳石半径关系

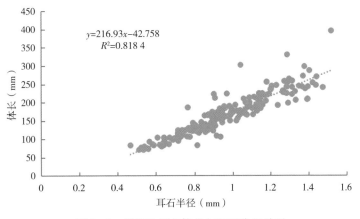

图 6-6　裸腹叶须鱼体长与耳石半径关系

$R^2=0.955$；热裸裂尻鱼 $y=-0.741x^2+41.014x+17.954$，$R^2=0.9617$。上述三种鱼类的体长与年龄的拟合模型如图 6-7、图 6-8 和图 6-9 所示。

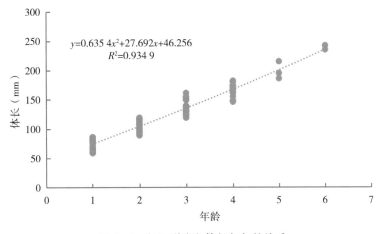

图 6-7　怒江裂腹鱼体长与年龄关系

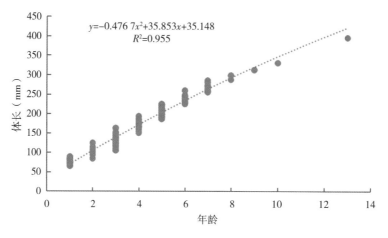

图 6-8　裸腹叶须鱼体长与年龄关系

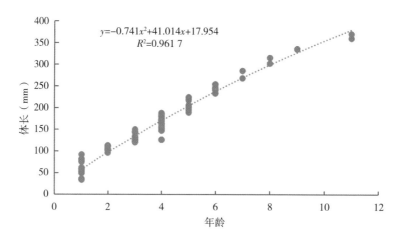

图 6-9　热裸裂尻鱼体长与年龄关系

四、体重与体长的关系

选用线性、对数、多项式、乘幂、指数五种回归模型对三种优势鱼类体重（W，g）和体长（L，mm）之间的关系进行拟合，并选择相关系数最大的模型作为最终结果，分析发现，怒江裂腹鱼与裸腹叶须鱼的体重与体长之间呈明显的幂函数关系，其关系式分别为：怒江裂腹鱼 $y = 2 \times 10^{-5} x^{2.935\,2}$，$R^2 = 0.985\,3$；裸腹叶须鱼 $y = 2 \times 10^{-5} x^{2.873}$，$R^2 = 0.988\,4$。而热裸裂尻鱼的体重与体长之间呈显著的多项式关系，其关系式为 $y = 0.006\,7x^2 - 1.025\,6x + 44.145$，$R^2 = 0.986\,2$。上述三种鱼类的体重与体长之间的关系如图6-10、图6-11、图6-12所示。

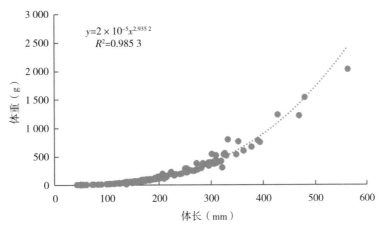

图 6-10　怒江裂腹鱼体重与体长之间的关系

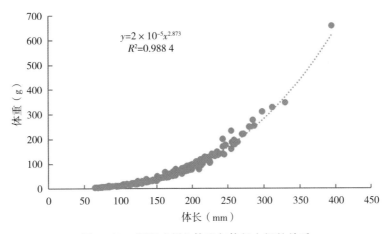

图 6-11　裸腹叶须鱼体重与体长之间的关系

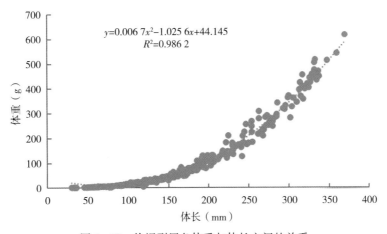

图 6-12　热裸裂尻鱼体重与体长之间的关系

第四节　年龄结构与生长特性

一、研究材料与方法

研究选取了 2017 年 5 月和 9 月在怒江上游察瓦龙县至那曲县（今色尼区）江段调查采集的数据进行分析。

采用定置复合刺网、三层流刺网（内层网目 7.5 cm、外层网目 18 cm）等渔具，共采集裸腹叶须鱼 225 尾，其中各个调查站点平均每天的渔获数量为（9.06±9.17）条、渔获重量为（638.91±526.3）g。现场测量新鲜状态下样本鱼的体长（L）和全长（TL）（精确至 1 mm）、体重（W）（精确至 0.01 g）。分别取微耳石和脊椎骨（颅后第 3～7 节）作为年龄鉴定材料，去除表面杂质，用酒精清洗后，编号保存在无水乙醇中，带回实验室处理，同时使用佳明 GPSMAP 62sc 手持式 GPS、金洋 LS45-2 旋杯式流速仪、YSI pro/plus 手持式溶氧仪测量环境因子，海拔精确到 1 m、水温精确到 0.1℃。

二、年龄鉴定方法

（一）脊椎骨

从试管中取出脊椎骨，将脊椎骨在沸水中煮 5～10 min，用尖头镊子和细毛刷将附着在脊椎骨表面的肌肉和结缔组织刷洗干净，置入乙醚中除去表面钙质，二甲苯透明处理后，在显微镜下观察、拍照。

（二）微耳石

从试管中取出微耳石，清洗去除表面杂质，用热熔胶固定于载玻片上，待冷却凝固后，依次用 400 号、1500 号和 3000 号水砂纸细磨抛光至轮纹清晰可见，待打磨制成微耳石磨片后，用二甲苯透明，中性树脂固定，在显微镜下观察、拍照。

两种材料均用显微镜观察年轮特征并鉴定年龄，采用 Olympus DP73 专业显微数码 CCD 进行拍照。

三、数据分析

数据处理、方程拟合采用 Microsoft Excel 2016 软件，作图采用 Origin 8.0，图片处理采用 Photoshop CC 软件，显著性分析采用 SPSS 13.0 软件。先对裸腹叶须鱼体长、体重及微耳石轮径三者之间的相关关系进行分析，再进行生长退算，进一步拟合出裸腹叶须鱼体长和体重的关系，生长方程、生长速度方程、生长加速度方程和生长参数，具体参照殷名称（1993）的方法，具体方程为：

生长退算方程：选用线性、对数、多项式、乘幂、指数五种回归模型对体长（L，mm）和微耳石半径（R，μm）进行拟合，选取相关系数最大的方程进行裸腹叶须鱼的生长退算。

体长（L_t）、体重（W_t）生长方程用 Von Bertalanffy 生长方程（VBGF 方程）进行拟合：

$$L_t = L_\infty \left[1 - e^{-k(t-t_0)} \right]$$
$$W_t = W_\infty \left[1 - e^{-k(t-t_0)} \right]^b$$

式中：L_∞、W_∞ 分别指渐进体长、渐进体重；k 为生长参数；t 为年龄；t_0 为初始生长年龄。VBGF 方程采用 F 检验验证其回归显著性，用 x^2 检验验证其曲线拟合度。

裸腹叶须鱼体重与体长关系用幂函数进行拟合：

$$W = a L^b$$

式中：a、b 均为常数；a 为生长条件因子；b 为幂指数系数。

体长相对增长率（G_L）、体重相对增长率（G_w）和生长指标（C_L）计算公式分别为：

$$G_L = (L_{t+1} - L_t) / L_t \times 100\%$$
$$G_w = (W_{t+1} - W_t) / W_t \times 100\%$$
$$C_L = (\ln L_{t+1} - \ln L_t) \times L_t$$

式中：L_{t+1} 和 L_t 分别代表（$t+1$）龄和 t 龄的体长（mm）。

生长速度方程：

$$dL/dt = L_\infty k e^{-k(t-t_0)}$$
$$dW/dt = L_\infty k e^{-k(t-t_0)} \left[1 - e^{-k(t-t_0)} \right]^{b-1}$$

生长加速度方程：

$$d^2L/dt^2 = L_\infty k^2 e^{-k(t-t_0)}$$
$$d^2W/dt^2 = b W_\infty k^2 e^{-k(t-t_0)} \left[1 - e^{-k(t-t_0)} \right]^{b-1} \left[B e^{-k(t-t_0)} - 1 \right]$$

式中：t 为年龄；L_∞、W_∞ 分别指渐进体长、渐进体重；k 为生长参数；t 为年龄；t_0 为理论起点生长年龄（Francis，2010）。

四、研究结果

（一）年龄材料的鉴定

裸腹叶须鱼两种年龄鉴定材料上都有比较清晰的轮纹，各有独立的特征。

脊椎骨椎体呈双凹型，在入射光下，可见从中心至边缘由宽而透明的亮带和窄而不透明的暗带相间排列，形成一圈圈的同心环带，每个暗带边缘定为 1 个年轮（图 6 - 13A）。

微耳石形状不规则，整体呈椭圆形，磨片在显微镜透射光下观察，中心部位有一个颜色稍暗的圆形或椭圆形的核，纹路宽、沉积深的轮纹区组成暗带，纹路窄、沉积浅的轮纹区组成明带，明带和暗带相间排列，每个暗带的边缘定为 1 个年轮（图 6 - 13B），靠近内核中心区轮纹较为清晰，外端轮纹较为稀疏，并有交叉，整体较易辨识。

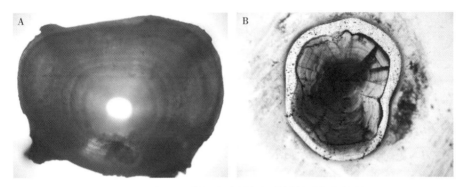

图 6-13　怒江上游裸腹叶须鱼年龄材料及年轮特征
A. 脊椎骨　B. 微耳石

　　在进行两种年龄材料对年龄的判识中，发现微耳石的轮纹较为清晰，规律性较强，而脊椎骨在起始轮和边缘轮的判定上存在较大误差。对裸腹叶须鱼两种年龄鉴定材料进行两次判读，时间间隔为 1 周，并对两种材料的判读能力进行统计，微耳石为 93.68%（$n=196$），脊椎骨为 85.57%（$n=183$），耳石与脊椎骨的吻合率为 80.35%，在 3 龄以下及 7 龄以上吻合率较低，在 3～7 龄吻合率最高，最终选择微耳石的年龄数据并测量轮径。

（二）体长、体重与年龄结构

　　怒江上游左贡至那曲江段裸腹叶须鱼体长、体重频数分布如图 6-14、图 6-15 所示，其体长为 65～395 mm，平均体长为（165±57）mm，其中优势体长组为 101～250 mm，占总样本的 78.48%；其体重为 3.08～656.62 g，平均体重为（68.06±73.68）g，其中优势体重组范围在 0～150 g，占总样本的 91.11%。

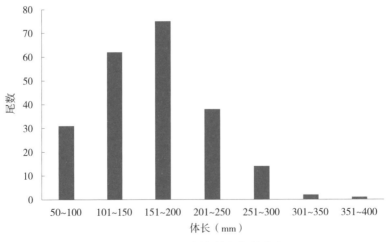

图 6-14　裸腹叶须鱼体长频数分布

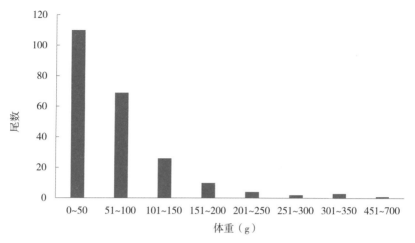

图 6-15 裸腹叶须鱼体重频数分布

怒江上游左贡至那曲江段裸腹叶须鱼年龄频数分布如图 6-16 所示，年龄鉴定结果表明，裸腹叶须鱼种群由 1～10 龄和 13 龄 11 个年龄组组成，优势年龄组为 1～5 龄，占样本总数的 85.33%，其中 4 龄鱼数量最多，占样本总数的 27.56%，年龄组 8～13 龄最少，占样本总数的 2.22%，高龄鱼较少。另外，将雌雄样本的体长与体重差异按年龄分组进行 t 检验，结果显示雌雄个体的生长无明显差异。因此，在随后的分析过程中，不分雌雄直接采用总体样本进行分析。

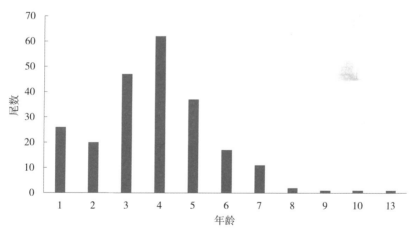

图 6-16 裸腹叶须鱼年龄频数分布

（三）生长特征

1. 体重与体长的关系

用 Keys 公式对裸腹叶须鱼体重（W，g）与体长（L，mm）关系进行拟合得到：$W = 2×10^{-5} L^{2.8644}$（$R^2 = 0.9893$，$n = 225$）（图 6-17）。幂指数 $b = 2.8644$，用 t 检验法检验体重-体长回归方程的幂指数 b 与 3 之间的差异，结果显示 $t < t_{0.05}$（$n-2$），即 b 与 3 之间差异不显著，故裸腹叶须鱼生长类型为等速生长。

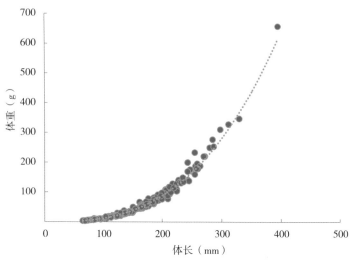

图 6-17　裸腹叶须鱼体重与体长的关系

2. 生长退算

对裸腹叶须鱼体长（L，mm）和微耳石半径（r，mm）进行拟合，结果发现乘幂的相关系数最大（$R^2 = 0.933\ 6$），对数的相关系数最小（$R^2 = 0.897\ 4$），其关系式为：$L = 172.18r^{1.346\ 1}$（$n = 196$）。裸腹叶须鱼体长与微耳石半径相关关系如图 6-18 所示。

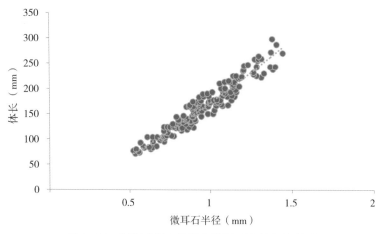

图 6-18　裸腹叶须鱼体长与微耳石半径相关关系

采用上述关系式对其进行生长退算，退算各年龄组的退算体长。t 检验显示，各个年龄组的退算体长与实测体长之间并无显著差异（$P > 0.05$），说明退算体长较为可信（表 6-1）。

表 6-1　裸腹叶须鱼实测体长和退算体长

年龄	样本数	各年龄退算体长（mm）							
		L1	L2	L3	L4	L5	L6	L7	L8
	20	74.12							
3	47	78.90	104.18						

年龄	样本数	各年龄退算体长（mm）							
		L1	L2	L3	L4	L5	L6	L7	L8
4	62	77.90	122.26	150.44					
5	37	71.80	110.50	128.54	138.89				
6	17	74.97	94.762	150.44	180.65	190.03			
7	11	92.43	108.79	125.68	153.60	181.18	219.96		
8	2	71.80	122.26	122.14	171.19	190.56	252.11	263.20	
9	1	90.58	112.80	145.36	160.04	201.50	255.92	266.96	281.83
退算均值（mm）		79.06	110.79	137.10	160.87	190.82	242.66	265.08	281.83
实测均值（mm）		78.20	103.95	131.27	171.04	205.45	236.64	264.81	292.50

3. 生长方程

体长（L_t）、体重（W_t）生长方程用 Von Bertalanffy 生长方程（VBGF 方程）进行拟合，得出怒江上游裸腹叶须鱼体长和体重生长方程为：

$$L_t = 699.57\left[1 - e^{-0.0615(t+0.8429)}\right]$$

$$W_t = 2\,816.82\left[1 - e^{-0.0615(t+0.8429)}\right]^{2.8644}$$

根据上述生长方程计算裸腹叶须鱼各年龄的理论体长和理论体重，并绘制体长、体重生长曲线（图 6-19）。如图 6-19 所示，体长生长曲线为抛物线型，随着年龄的增加逐渐趋缓，趋向于渐近值；体重生长曲线为 S 型，随着年龄的增加其斜率先增加后减小，最后趋近于渐近值。采用表观生长指数 φ 来比较不同文献中估算的生长参数，计算得怒江上游裸腹叶须鱼的表观生长指数 φ 为 4.478 5。

$$\varphi = \log_{10} k + 2 \times \log_{10} L_\infty$$

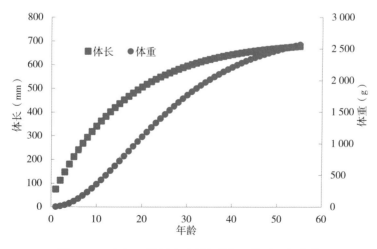

图 6-19　怒江上游裸腹叶须鱼体长、体重生长曲线

4. 生长速度、加速度和生长拐点

用裸腹叶须鱼体长、体重生长方程对 t 求一阶、二阶导数，得到体长和体重的生长速度和加速度方程如下：

生长速度方程：

$$\mathrm{d}L/\mathrm{d}t = 43.02\mathrm{e}^{-0.061\,5(t+0.842\,9)}$$

$$\mathrm{d}W/\mathrm{d}t = 496.21\mathrm{e}^{-0.061\,5(t+0.842\,9)}\left[1-\mathrm{e}^{-0.061\,5(t+0.842\,9)}\right]^{1.864\,4}$$

生长加速度方程：

$$\mathrm{d}^2L/\mathrm{d}t^2 = -2.65\mathrm{e}^{-0.061\,5(t+0.842\,9)}$$

$$\mathrm{d}^2W/\mathrm{d}^2t = 30.52\mathrm{e}^{-0.061\,5(t+0.842\,9)}\left[1-\mathrm{e}^{-0.061\,5(t+0.842\,9)}\right]^{1.864\,4}\left[2.864\,4\mathrm{e}^{-0.061\,5(t+0.842\,9)}-1\right]$$

根据上述裸腹叶须鱼生长速度、生长加速度方程作图（图 6 - 20、图 6 - 21）。

如图 6 - 20 所示，体长生长速度曲线不具拐点，随年龄的增长而下降，下降趋势逐渐减缓最后趋近于 0，为正值；体长生长加速度不具拐点，随年龄增长逐渐上升，上升趋势逐渐减缓最后趋近于 0，为负值，表明其体长生长的速度随着年龄的增加而减小，而减小的程度随着年龄的增加也是逐渐减小的。

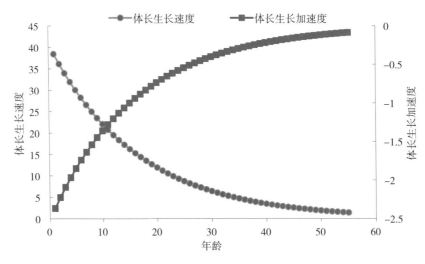

图 6 - 20　体长生长速度和体长生长加速度曲线

如图 6 - 21 所示，体重生长速度曲线具有明显的拐点，拐点处的 $\mathrm{d}^2W/\mathrm{d}^2t = 0$，拐点年龄用公式 $t_i = t_0 + \ln b/k$ 计算，$t_i = 16.27$，对应的体长 $l_i = 455.36$ mm，对应体重 $W_i = 823.42$ g。体重生长速度具有拐点，拐点年龄为 16.27 龄，16.27 龄以前体重增长速度逐渐递增，递增幅度逐渐减小，16.27 龄时体重生长速度达到最大值，之后体重增长速度逐渐减小，递减幅度逐渐增大，为正值；体重生长加速度也具有明显的拐点（0～10 龄），拐点年龄以前先增加后减小，为正值，拐点年龄 16.27 龄时体重生长加速度为 0（体重生长速度达到最大值），拐点年龄以后体重生长加速度先减小后增加（20～30 龄），为负值，逐渐趋向于 0，表明裸腹叶须鱼体重逐渐增加到渐近值。

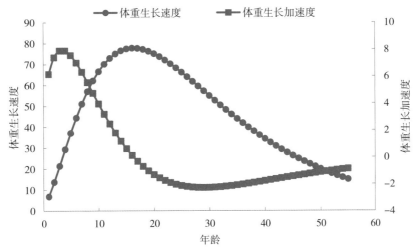

图 6-21　体重生长速度和体重生长加速度曲线

5. 生长指标

用体长相对增长率（G_L）、体重相对增长率（G_W）和生长指标（C_L）计算公式分别计算 G_L、G_W、C_L，通过生长方程求出退算体长和退算体重（表 6-2）。

表 6-2　裸腹叶须鱼体长和体重的生长指标

年龄组	退算体长（mm）	G_L	退算体重（g）	G_W	C_L
2	112.21	0.32	14.90	1.16	22.04
3	147.24	0.26	32.44	0.96	24.26
4	180.19	0.30	57.85	1.11	34.74
5	211.17	0.20	91.14	0.70	31.35
6	240.30	0.15	131.97	0.49	29.03
7	267.69	0.11	179.79	0.44	26.61
8	293.45	0.10	233.91	0.36	26.32
9	317.68	0.06	293.58	0.16	18.87

结果显示裸腹叶须鱼随着年龄的增加，退算体长、退算体重也是逐年增加，4～9 龄体长增长率、体重增长率、生长指标数值都是随着裸腹叶须鱼年龄的增加而降低，2 龄的裸腹叶须鱼 G_L、G_W 最大，4 龄 C_L 最大，9 龄 G_L、G_W、C_L 最小。

五、研究小结

（一）年龄鉴定材料的选取与准确性的关系

用于鱼类年龄鉴定的材料包括脊椎骨、鳃盖骨、鳍条、鳞片和耳石等，不同鱼类最理想的年龄鉴定材料是不同的（习晓明等，1994；张学健等，2009），以往裂腹鱼亚科鱼类年龄鉴定材料以耳石（陈毅峰等，2002；陈大庆等，2006）和鳞片（李文静等，2007；万法红，2004）为主，脊椎骨、鳃盖骨、鳍条作为辅助鉴定材料，但对于高龄个体而言，使用鳞片鉴定年龄往往存在准确性降低的缺陷（熊飞等，2006）。笔者选取脊椎骨和微耳石两种年龄材料进行裸腹叶须鱼的年龄判读。对比两种年龄材料对年龄的判别能力，微耳石为 93.68%，脊椎骨为 85.57%，也表明微耳石对年龄的判别能力较优于脊椎骨。从处理材料的简易程度角度分析：脊椎骨具有取材方便和较易处理的优点，但由于脊椎骨中心区域的轮纹难以确定，导致早期的生长年轮标志不易辨识，也致使高龄个体脊椎骨的年轮读数往往低于实际值，在对年龄进行判读时误差比较大；微耳石虽然处理耗时，但微耳石轮纹较为清晰，规律性较强，误差相对较小。综合比较，微耳石是裸腹叶须鱼较为理想的年龄鉴定材料。这与李飞等（2016）对赠曲裸腹叶须鱼的研究有差异，其最佳年龄鉴定材料为鳞片，而与王宇峰（2014）对金沙江上游裸腹叶须鱼年龄与生长的研究相同。

（二）年龄结构

在采集样本时使用的复合刺网等渔具对裸腹叶须鱼个体体长的选择性较小，能较准确地反映其实际年龄结构，裸腹叶须鱼的年龄范围为 1～10 龄和 13 龄，其中优势年龄组为 1～5 龄，占样本总数的 85.33%，其中 4 龄鱼数量最多，占样本总数的 27.56%，年龄组 8～13 龄个体分布较少，仅占样本总数的 2.22%，低龄组个体数量多，高龄组个体数量较少。在李飞等（2016）的研究中，3～5 龄个体占样本总数的 81.39%，8～10 龄个体占样本总数的 4.65%；在王宇峰（2014）的研究中，4～6 龄个体占样本总数的 70.93%，大于 10 龄个体占样本总数的 2.91%。三个不同地点的裸腹叶须鱼均显示出低龄组个体数量较多、高龄组个体数量较少的特点，这与其他裂腹鱼类的研究结果如色林错裸鲤和四川裂腹鱼的年龄结构（陈毅峰等，2002；李忠利，2015）的分布特征类似。

（三）裸腹叶须鱼的生长特征

裸腹叶须鱼体长为 65～395 mm，平均体长为（165±57）mm，体重为 3.08～656.62 g，平均体重为（68.06±73.68）g，体重与体长关系式为 $W = 2 \times 10^{-5} L^{2.8644}$。Li 等（2009）研究发现裂腹鱼类的 k 值一般在 0.1 左右，而 k 值在 0.05～0.10 的鱼类属于生长缓慢型鱼类（Branwtetter et al.，1987），k 值为 0.061 5，说明怒江上游裸腹叶须鱼也具有生长缓慢的特点。生长特征指数 φ 综合了 L_∞ 和 k 的效应，可以很好地比较不同地理种群的生长性能，φ 值越大表明该种鱼生长性能越好（何德奎等，2003）。综合已有研究（表 6-3），对比几种裂腹鱼亚科的 φ 值，发现一般裂腹鱼属＞叶须鱼属＞裸裂尻鱼属和裸鲤属，这可能与不同鱼属所在区域的环境差异以及不同鱼种的生长潜力有关，而表 6-3 中相应鱼属渐进体长 L_∞、渐进体重 W_∞ 的大小变化情况也体现出了这一特点；此外，不同鱼属的生长性能也可能与裂腹鱼亚科鱼类的特化等级有关，其进化关系为：裸裂尻鱼属和裸鲤属＞叶须鱼属＞裂腹鱼属（胡华锐等，2012）。对比李飞等（2016）和王宇峰（2015）的各项生长参数的研究结果发现，本节结果与前者差异较小，与后者差异较大，原因可能与研究的区域位置有关，本节主要调查的是整个怒江上游西藏段的裸腹叶须鱼生长特征，与赠曲和金沙江上游裸腹叶须鱼明显的区域性特征不同，也可能与不同流域位置鱼类的生态适应性改变有关，具体原因还有待于更进一步的采样调查。

表6-3　裸腹叶须鱼与其他几种裂腹鱼亚科鱼类的比较

鱼名	地点	b	k	L_∞（mm）	W_∞（g）	φ	参考文献
异齿裂腹鱼	雅鲁藏布江	2.828 0	0.094 3	554.00	1 816.00	4.46	贺舟艇，2005
四川裂腹鱼	乌江	2.951 1	0.092 9	598.39	3 134.65	4.52	李忠利，2015
软刺裸裂尻鱼	金沙江	2.970 0	0.105 8	382.11	949.06	4.19	胡睿等，2012
拉萨裂腹鱼	拉萨河	2.696 7	0.120 2	465.99	1 250.67	4.42	郝汉舟，2005
裸腹叶须鱼	赠曲	2.884 0	0.066 2	668.35	2 807.60	4.47	李飞，2016
裸腹叶须鱼	金沙江上游	2.910 3	0.086 9	527.50	1 090.16	4.38	王宇峰，2014
裸腹叶须鱼	怒江上游	2.864 4	0.061 5	699.57	2 816.82	4.48	本研究
错鄂裸鲤	错鄂湖	2.831 0	0.029 1	639.71	2 750.87	4.08	杨军山等，2002
巨须裂腹鱼	雅鲁藏布江	2.904 0	0.053 0	656.76	4 520.63	4.36	朱秀芳等，2009
大渡裸裂尻鱼	绰斯甲河	2.859 1	0.087 0	323.19	439.17	3.96	胡华锐等，2012
色林错裸鲤	色林错湖	2.407 2	0.071 0	485.33	1 439.48	4.22	陈毅峰等，2002

注：b 为幂指数系数，k 为生长参数，L_∞、W_∞ 分别指渐进体长、渐进体重，φ 为表观生长指数。

（四）怒江上游裸腹叶须鱼的保护建议

现有的研究表明，裸腹叶须鱼种群已出现衰退趋势，加之其生长缓慢，自我修复能力比较差，需要加大对其资源保护的力度。基于其种群保护现状以及分布的地域特点，建议从以下几方面入手：

（1）当地政府加大宣传力度引导藏民保护现有资源；

（2）在怒江上游江段建立种质资源基地，突破裸腹叶须鱼规模化人工繁育技术，并开展人工增殖放流；

（3）合理规划怒江上游水电资源的开发与利用，水电项目要充分考虑对渔业资源的影响；

（4）查明裸腹叶须鱼关键栖息地的分布位置和规模，提出鱼类保护区规划；

（5）建立裸腹叶须鱼活体库、种质资源库及迁地保护群体，建立种质资源保存群体。

第五节　食　　性

裂腹鱼亚科（Schizothoracinae）起源于鲃亚科（Barbinae）（Hora，1937），该亚科鱼类仅分布于亚洲中部的高原地区。自第三纪末期青藏高原开始急剧隆起，原本适应温暖气候和湖泊静水环境的鲃亚科鱼类，性状发生改变，逐渐演变成适应寒冷气候和河川急流环境的原始裂腹鱼类，基于性状的原始或是特化，分为 3 个不同特化等级（曹文宣等，1981）。对此国内有裂腹鱼类演化生物地理学和系统发育学的研究（武云飞等，1992；陈毅峰，2000；He et al.，2006、2007；Yang et al.，2012）。迄今对裂腹鱼类生物学特性的研究较多，但研究对象多为单物种，区域多集中于四川、云南及西藏少数区域（钱瑾等，1998；季强，2008；马宝珊，2011）。针对怒江西藏段 3 种性状特化等级不同的裂腹鱼，怒江裂腹鱼、裸腹叶须鱼和热裸裂尻鱼，仅有怒江裂腹鱼的种群遗传学研究（Chen et al.，2015；Li et al.，2016），而在生物学特性方面的研究比较匮乏，尤其是在摄食消化器官形态及食性等摄食生态领域。形态差异在鱼类分类上最为直观，多元分析是综合研究物种形态差异的有效分析方法。而摄食生态的研究，对了解鱼类群落乃至整个生态系统的结构和功能至关重要（Ross，1986）。随着西藏经济高速发展，渔业资源过度捕捞、外来物种入侵及环境污染等问题日渐严重（杨汉运等，2010；范丽卿等，2016），因此急需对西藏鱼类资源及可持续利用问题进行深入研究。本节以上述 3 种裂腹鱼为研究对象，运用单因素方差分析、判别分析和主成分分析三种多元分析方法，比较研究物种间摄食消化器官形态差异，同时比较分析其食性、食物竞争关系及生态位，以期为进一步研究裂腹鱼类生态适应机制以及怒江渔业资源保护提供理论基础。

一、研究材料与方法

选取 2017 年 5—6 月及 9—10 月在怒江西藏段（察瓦龙至那曲段）的调查和渔获物数据进行分析。采样方式为网捕及钩钓，采样网具使用三层流刺网（内层网目 7.5 cm、外层网目 18 cm）及单层流刺网（网目 6 cm）。

捕获材料鱼后，现场测量 3 种裂腹鱼活体样本的体长、体重。体长用钢卷尺（TAJIMA L25-55，精确到 1 mm）测量，体重用便携式电子天平（凡展 FZ-50002，精确到 0.01 g）称量。统计 3 种鱼的数量百分比（每种鱼总尾数占所有鱼总尾数的百分比）和重量百分比（每种鱼总体重占所有鱼总体重的百分比），精确到 0.01%。测定 3 种鱼主要生活水域的环境因子，使用佳明 GPSMAP 62sc 手持式 GPS 确定调查站点的经纬度和海拔（精确到 0.1 m），金洋 LS45-2 旋杯式流速仪测定怒江近岸处的水流流速（精确到 0.001 m/s），YSI pro/plus 手持式溶氧仪同时测量水中溶解氧和水温，温度精确到 0.1℃。

（一）摄食及消化器官形态分析

在进行摄食及消化器官形态分析时，从所采集的 3 种鱼共 463 尾样本中每种鱼各随机选择 34 尾，并确保所选取的同种鱼的体长大致相等。摄食消化器官的形态学指标总计 15 个，包括定性指标 4 个和定量指标 11 个。定性指标为口位类型、须的发达程度、下颌前缘性状、下咽齿形态。定量指标为体长、头长、吻长、口裂面积、外鳃耙长、鳃耙间距、肠长、外鳃耙数、内鳃耙数、肠弯曲数和下咽齿齿式。其中的口裂面积，因鱼类口裂张开时的形状近似椭圆形，故测量口裂宽和口裂高数据，利用椭圆面积计算公式获取个体的口裂面积数据，口裂的测量参考代田昭彦（1985）的方法。解剖鱼体并观察肠管盘曲情况，数清肠道经过多少次弯曲后开口于肛门，计数结果为肠弯曲数。鳃耙长、鳃耙间距、鳃耙数为左右两侧第一鳃弓外鳃耙最大长度、间距、数量均值。定量指标中的可量性状使用ASIMETO307电子数显游标卡尺（精确到 0.01 mm）测量。

在进行多元分析时，为消除样本间个体大小不同造成的误差，首先计算样本的前 7 项形态学定量指标（体长除外）与体长之比，将得到的 6 种比值，即吻长/体长、头长/体长、口裂面积/体长、鳃耙间距/体长、外鳃耙长/体长、肠长/体长，作为原始数据进行分析（SPSS 19.0 统计软件），利用主成分分析法（变量标准化）分析种间形态的主要差异部分，判别分析确定种间形态的判别函数，单因子方差分析法（LSD 法和 Tamhane's T2 法，显著性水平设为 0.05）分析种间形态差异的显著性。剩余的 8 项指标，即 4 项定性指标及 4 项可数定量指标，采用列表法分析对比种间差异。为了确定不同调查站点的同一物种是否达到亚种分化水平，参照识别和划分亚种的 75% 规则方法（Mayr et al.，1953），如果差异系数（coefficient of difference，C_D）大于 1.28，可认为两群体间的差异达到亚种以上水平。计算公式为：

$$C_D = (M_1 - M_2) / (S_1 + S_2)$$

式中：M_1 和 M_2 分别代表两个群体某形态性状比值的平均值，S_1 和 S_2 为对应的标准差。

（二）食性分析

在进行食性分析时，对样本拍照并观察肠道充塞度，将其划分为 6 个等级（殷名称，1995），作为衡量鱼类摄食强度的指标。判定方法为：肠内无食物即空肠，为 0 级；肠内仅有残食，约占肠管的 1/4，为 1 级；肠内有少量食物，约占肠管的 1/2，为 2 级；肠内有适量食物，约占肠管的 3/4，为 3 级；肠内充满了食物，但不膨大，为 4 级；肠内充满了食物，且肠壁膨大，为 5 级。摄食等级越高，表示肠道充塞度越高，即肠道越饱满。摄食率为某种鱼中肠道存在食物的个体数占该种鱼总个体数的百分比。选择摄食等级为 4 级和 5 级的样本，取出肠内容物，用吸水纸吸干表面水分后称重，并以 10% 中性甲醛溶液固定保存。分析肠道内容物成分，在 Olympus 显微镜下计数，得到不同种类食物的数量，并根据每种浮游生物特有的定量参数换算质量。

浮游生物采用显微镜计数法和体积换算法进行定量分析（章宗涉和黄祥飞，1995）。将肠含物倒入锥形瓶中，用蒸馏水定容，然后用计数框在显微镜（Olympus CX21）下观察。藻类和原生动物采用 0.1 mL 计数框在高倍镜下进行鉴定和计数，轮虫、枝角类、桡足类等采用 1 mL 计数框在中倍镜下进行鉴定和计数，在显微镜下随机选择 20 个视野进行浮游植物种类的鉴别（鉴别到属），计算每个属在 20 个视野中的出现率。原则上尽量鉴定到最低的分类阶元。根据浮游生物的体形，按最近似的几何形测量其体积，形状特殊的种类分解为几个部分测量，然后把结果相加。由于密度接近 1，故可以直接由体积换算成生物量。生物量为各种浮游生物的数量乘各自的平均体积。大型鱼类和腹足类采用肉眼鉴定，小型饵料（如水生昆虫和虾等）在解剖镜下依据其重要的分类学特征进行鉴定，原则上尽量鉴定到最低的分类阶元。将鉴定的饵料生物计数并使用分析天平称重，大型饵料重量精确到 0.01 g，小型饵料重量精确到 0.000 1 g。

浮游生物的生物量计算公式如下：

$$N = (A/A_n) \cdot (V_s/V_a) \times n$$

式中：A 表示计数框的面积（400 mm²）；A_n 表示计数的面积（mm²），即每个视野面积乘计数视野数；V_s 表示内容物沉淀浓缩后的体积（mL）；V_a 表示计数框的容积（mL）；n 表示细胞个数。

使用出现率（$O\%$）、个数百分比（$N\%$）、重量百分比（$W\%$）和相对重要性指数（IRI；Hacunda，1981）来研究 3 种裂腹鱼类的食物组成，计算公式如下：

出现率 $O\% =$（含某种饵料生物肠道的数量/含有食物团肠道的数量）$\times 100\%$

个数百分比 $N\% =$（某种饵料生物的个体数/所有饵料生物的总个体数）$\times 100\%$

重量百分比 $W\% =$（某种饵料生物的重量/所有饵料生物的总重量）$\times 100\%$

相对重要性指数 $IRI =$ 出现率$\times$（个数百分比＋重量百分比）

相对重要性指数百分比 $IRI\% =$（某种饵料生物的相对重要指数/所有饵料生物总的相对重要指数）$\times 100\%$

根据每种鱼摄取的主要食物判定食性类型，本实验综合分析 5 个参数来确定主要食物并判定食性。使用 Schoener（1970）重叠指数（C_{xy}）、Shannon-Wiener 多样性指数（H'）和 Pielou 均匀度指数（J）分析食物多样性与均匀度，确定食物竞争关系与生态位宽度。$C_{xy} = 1 - 0.5 \sum |P_{xi} - P_{yi}|$，$P_{xi}$、$P_{yi}$ 分别为共有食物 i 在两种鱼 x、y 肠内含物中所占的重量百分比。$H' = -P_i (\ln P_i)$，P_i 为某一种食物的重量百分比（Shannon，1948）；$J = H'/\ln S$，S 为群落中的物种数（Pielou，1966）。重叠指数 C_{xy} 表示两种鱼的生态位宽度，范围为 0～1，0 表示二者饵料完全不重叠，1 表示饵料全部重叠，当重叠指数大于 0.6 时，表示达到显著重叠水平（Wallace，1981）。

二、研究结果与分析

2017 年共采集怒江裂腹鱼、裸腹叶须鱼和热裸裂尻鱼 463 尾，其中，怒江裂腹鱼 194 尾，裸腹叶须鱼 152 尾，热裸裂尻鱼 117 尾（表 6-4）。怒江裂腹鱼主要分布于察瓦龙至洛隆段（海拔范围：1 500～3 100 m），裸腹叶须鱼主要分布于八宿至边坝段（海拔范围：2 600～3 800 m），热裸裂尻鱼主要分布于边坝至那曲段（海拔范围：3 600～4 500 m）。鱼群分布呈垂直分带现象，分布范围存在一定程度的重叠。

表 6-4 2017 年怒江西藏段三种裂腹鱼样本信息

	怒江裂腹鱼	裸腹叶须鱼	热裸裂尻鱼
个体数（个）	194	152	117
数量百分比（%）	41.90	32.83	25.27

（续）

		怒江裂腹鱼	裸腹叶须鱼	热裸裂尻鱼
重量百分比（%）		39.22	21.61	39.17
体长（mm）	平均值±标准差	191.55±58.19	167.09±67.89	195.76±76.07
	范围	90～360	65～395	83～333
体重（g）	平均值±标准差	23.85±136.50	76.87±95.70	152.42±163.32
	范围	8.67～744.34	3.08～656.62	8.41～511.48
总重（g）		18 577.32	10 234.68	18 556.16

注：数量百分比和重量百分比分别是指采集的某种鱼的个体数和总重量占 3 种鱼的总个体数和总重量的比例。

（一）摄食及消化器官形态

从总共采集的 463 尾样本鱼中再进行挑选，每种鱼各随机选择 34 尾，用于分析摄食及消化器官形态。

怒江裂腹鱼体呈棒状，具下位口，两对长须。下颌前缘具锐利角质，下唇表面均被密集乳突。咽部被密集颗粒状乳突，口腔上壁具较高纵褶。鳃耙排列较密集，第一鳃弓内外鳃耙数分别为 26～32、17～23。最长外鳃耙长度为（1.69±0.47）mm，最宽鳃耙间距为（0.67±0.17）mm。下咽齿顶端尖，有三行，齿式为 2·3·5/5·3·2，咀嚼面适中。食道较短且壁厚，内壁黏膜纵褶约为 12 条。肠管盘曲复杂，弯曲数为 8～12 个。肠长体长比范围为 1.34～5.54（2.96±0.92）。

裸腹叶须鱼体呈圆筒形，吻突出，具下位口，一对长须。下颌前缘无角质及乳突，两叶唇发达且厚。口腔上壁具纵褶。鳃耙较长，第一鳃弓内外鳃耙数分别为 16～22、14～19。最长外鳃耙长度为（1.95±0.61）mm，最宽鳃耙间距为（0.75±0.22）mm。下咽齿顶端呈钩状，有两行，齿式为 3·4/4·3，咀嚼面窄。食道粗短且壁厚，内壁黏膜纵褶约为 12 条。肠管盘曲简单，弯曲数为 2～4 个。肠长体长比范围为 0.99～2.38（1.46±0.39）。

热裸裂尻鱼体略侧扁，具下位口，无须。下颌前缘具锐利角质。咽部被密集颗粒状乳突，口腔上壁具较高纵褶。鳃耙稀疏且短小，第一鳃弓内外鳃耙数分别为 16～23、9～13。最长外鳃耙长度为（1.59±0.74）mm，最宽鳃耙间距为（0.62±0.26）mm。下咽齿顶端尖，有两行，齿式为 3·4/4·3，咀嚼面适中。食道较短，内壁黏膜纵褶约为 10 条。肠管盘曲复杂，弯曲数为 10～16 个。肠长体长比范围为 1.24～5.53（3.41±1.26）。三种鱼的肠壁膜褶从前肠到后肠变细变低，肌肉层厚度逐渐变薄（图 6-22 至图 6-27）。

图 6-22　三种裂腹鱼外部形态

（从左至右：怒江裂腹鱼、裸腹叶须鱼、热裸裂尻鱼）

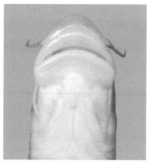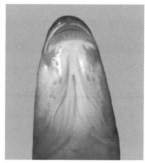

图 6-23　三种裂腹鱼下颌形态

（从左至右：怒江裂腹鱼、裸腹叶须鱼、热裸裂尻鱼）

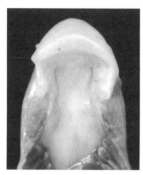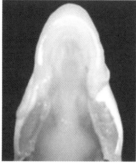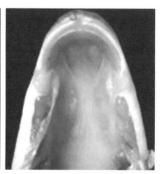

图 6-24　三种裂腹鱼口咽腔背部

（从左至右：怒江裂腹鱼、裸腹叶须鱼、热裸裂尻鱼）

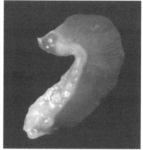

图 6-25　三种裂腹鱼第一鳃弓外侧观

（从左至右：怒江裂腹鱼、裸腹叶须鱼、热裸裂尻鱼）

图 6-26　三种裂腹鱼下咽齿腹面观

（从左至右：怒江裂腹鱼、裸腹叶须鱼、热裸裂尻鱼）

图 6‑27　三种裂腹鱼肠道腹面观
(从上至下：怒江裂腹鱼、裸腹叶须鱼、热裸裂尻鱼)

3 种鱼均具下位口，下颌前缘角质化程度不同。3 种鱼均无颌齿和口腔齿，左右咽齿交叉相间排列，咽背侧的角质垫与其配合构成咀嚼面，方便研磨，初步消化食物；均无胃，食道和肠的界限明显，食道黏膜褶为纵褶，肠黏膜褶为 Z 型，前肠消化功能大大增加。3 种裂腹鱼类摄食及消化器官的形态特征及食物组成比较见表 6‑5。

表 6‑5　三种裂腹鱼摄食及消化器官的形态特征比较及食物组成比较

食性及消化器官	怒江裂腹鱼	裸腹叶须鱼	热裸裂尻鱼
主食	水生昆虫幼虫	水生昆虫幼虫	着生藻类
兼食	着生藻类	有机碎屑	水生昆虫幼虫，幼体高原鳅
体长范围（mm）	106～239	104～275	106～263
吻长/体长	$0.080\pm0.004\,7^{Bb}$	$0.086\pm0.009\,5^{Aa}$	$0.063\pm0.005\,3^{C}$
头长/体长	0.21 ± 0.010^{B}	0.25 ± 0.013^{A}	0.22 ± 0.011^{B}
口裂面积/体长	0.59 ± 0.17^{Aa}	0.55 ± 0.28^{a}	0.46 ± 0.27^{Bb}
鳃耙间距/体长	$0.003\,9\pm0.000\,60^{a}$	$0.003\,8\pm0.000\,49^{ab}$	$0.003\,2\pm0.000\,78^{b}$
外鳃耙长/体长	$0.009\,6\pm0.000\,92^{Aa}$	$0.009\,9\pm0.001\,34^{Aa}$	$0.008\,1\pm0.001\,66^{B}$
肠长/体长	2.96 ± 0.92^{Aa}	1.32 ± 0.31^{B}	3.48 ± 1.24^{Aa}
下咽齿齿式	2・3・5/5・3・2	3・4/4・3	3・4/4・3
下咽齿形态	顶端尖，咀嚼面适中	顶端钩状，咀嚼面窄	顶端尖，咀嚼面适中
口位	下位口	下位口	下位口
下颌前缘	具锐利角质，密集乳突	无角质，唇发达	具锐利角质
须	2 对长须	1 对长须	无须
肠弯曲数	8～12	2～4	10～16
第一鳃弓外鳃耙数	17～23	14～19	9～13
第一鳃弓内鳃耙数	26～32	16～22	23

注：表中同行两组数据间上标不同大写字母表示差异极显著（$P<0.01$），不同小写字母表示差异显著（$P<0.05$），相同字母表示差异不显著。

（二）可量性状比较

1. 单因素方差分析

将 6 种可量性状数据与体长比值作为指标，3 种裂腹鱼两两比较 6 个指标的差异系数（表 6-6），共有 18 种组合，其中 9 种组合差异系数极显著（$P<0.01$）。

表 6-6　三种裂腹鱼中两两物种间形态特征的差异系数

性状	怒江裂腹鱼与裸腹叶须鱼	怒江裂腹鱼与热裸裂尻鱼	裸腹叶须鱼与热裸裂尻鱼
吻长/体长	0.437	1.624	1.486
头长/体长	1.568	0.375	1.183
口裂面积/体长	0.082	0.290	0.158
鳃耙间距/体长	0.054	0.442	0.430
外鳃耙长/体长	0.135	0.575	0.588
肠长/体长	1.320	0.234	1.369

两物种间形态特征的差异系数大于阈值（1.28）的有：吻长特征，体现在怒江裂腹鱼与热裸裂尻鱼间、裸腹叶须鱼与热裸裂尻鱼间；头长特征，体现在怒江裂腹鱼与裸腹叶须鱼间；肠长特征，体现在怒江裂腹鱼与裸腹叶须鱼间、裸腹叶须鱼与热裸裂尻鱼间。总体上反映了头部和肠道的部分特征。

2. 判别分析

对所有样本进行逐步判别，选出对判别贡献较大的参数，并建立各物种的形态判别函数。结果表明，根据吻长（X_1）和头长（X_2）建立的判别函数对怒江裂腹鱼群体（Y_1）、裸腹叶须鱼群体（Y_2）和热裸裂尻鱼群体（Y_3）的判别率分别为 92.3%、85.7%、91.7%，综合判别率为 90.6%。怒江裂腹鱼群体：$Y_1=581.428X_1+1\,484.941X_2-183.042$；裸腹叶须鱼群体：$Y_2=473.480X_1+1\,816.278X_2-251.486$；热裸裂尻鱼群体：$Y_3=30.691X_1+1\,715.119X_2-194.379$。

3. 主成分分析

对 3 种鱼 102 尾样本合并分析，对摄食消化器官形态变量进行主成分分析，得到累积贡献率与特征值，前 5 项主成分的累积贡献率为 95.25%（表 6-7）。

表 6-7　三种不同特化等级裂腹鱼群体的主成分分析

主成分	特征值	贡献率（%）	累积贡献率（%）
1	2.869	47.815	47.815
2	1.246	20.774	68.589
3	0.761	12.677	81.267
4	0.504	8.407	89.673

（续）

主成分	特征值	贡献率（%）	累积贡献率（%）
5	0.334	5.574	95.247
6	0.285	4.753	100.000

主成分荷载见表6-8，第一主成分中，吻长、外鳃耙长、肠长、鳃耙间距与体长之比的贡献率最大，主要反映鱼体咽腔和肠道的特征；第二主成分中，口裂面积和头长的贡献率最大，主要反映鱼体口腔和头部的特征；第三主成分中，鳃耙间距和口裂面积的贡献率最大，主要反映鱼体口咽腔的特征。

表6-8　裂腹鱼六个形态学性状的主成分载荷

性状	第一主成分	第二主成分	第三主成分
吻长/体长	0.862	−0.106	−0.055
头长/体长	0.596	−0.594	−0.236
口裂面积/体长	0.331	0.762	−0.517
鳃耙间距/体长	0.678	0.250	0.630
外鳃耙长/体长	0.815	0.343	0.079
肠长/体长	−0.733	0.349	0.180

将提取的第一主成分与第二、三主成分作散布图（图6-28、图6-29），怒江裂腹鱼和裸腹叶须鱼形成了相对集中的组，热裸裂尻鱼相对分散。3种鱼几乎均无重叠，容易将其区分开来，说明3种鱼的摄食消化器官形态差异较大。

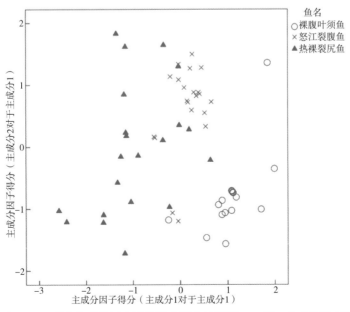

图6-28　裂腹鱼群体摄食消化器官形态特征第一、第二主成分散布图

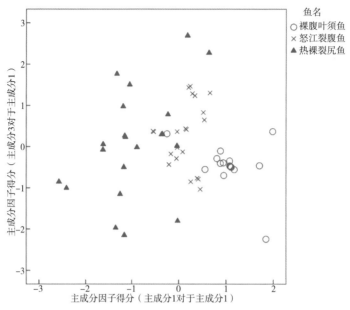

图 6 - 29　裂腹鱼群体摄食消化器官形态特征第一、第三主成分散布图

（三）摄食强度

怒江裂腹鱼、裸腹叶须鱼和热裸裂尻鱼的摄食率分别为 72%、83.54% 和 88.68%，均较高（表 6 - 9）。怒江裂腹鱼和热裸裂尻鱼肠道充塞度级别普遍偏高，而裸腹叶须鱼肠道充塞度级别偏低（图 6 - 30）。

表 6 - 9　三种鱼类用于摄食强度分析的样本情况

鱼名	体长范围（mm）	体重范围（g）	个体数（尾）	摄食率（%）
怒江裂腹鱼	90～360	8.67～744.34	144	72
裸腹叶须鱼	65～395	3.08～656.62	150	83.54
热裸裂尻鱼	83～333	8.41～511.48	106	88.68

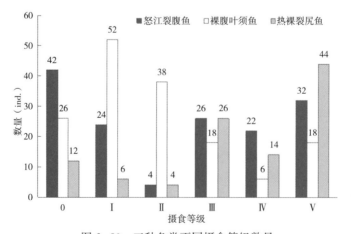

图 6 - 30　三种鱼类不同摄食等级数量

（四）食物组成

1. 怒江裂腹鱼

从 30 尾样本肠道中共检出藻类 5 门 28 属（$O\% = 100\%$、$N\% = 98.34\%$、$W\% = 0.42\%$、$IRI\% = 47.11\%$）（表 6 - 10）。硅藻门（Bacillariophyta）18 属（$O\% = 100\%$、$N\% = 96.62\%$、$IRI\% = 47.05\%$），以等片藻属（*Diatoma*）、异极藻属（*Gomphonema*）和短缝藻属（*Eunotia*）为主。蓝藻门（Cyanophyta）4 属，绿藻门（Chlorophyta）4 属（$O\% = 14.75\%$），黄藻门（Xanthophyta）、裸藻门（Euglenophyta）各 1 属。原生动物门（Protozoa）7 属（$O\% = 100\%$），轮虫（Rotifera）、节肢动物门（Arthropoda）分别 3 属、4 属。轮虫卵（rotifer eggs）$O\% = 42.86\%$，水生昆虫（aquatic insect，$O\% = 92.63\%$、$W\% = 99.43\%$、$IRI\% = 50.91\%$）以摇蚊幼虫（chironomid larvae，$O\% = 87.45\%$、$W\% = 97.91\%$、$IRI\% = 50.91\%$）为主，偶见节肢动物残肢。还检出少量线虫（Nematoda）、植物腐烂碎屑及泥沙。因此推测怒江裂腹鱼属主食杂食性偏动物食性鱼类。

表 6 - 10　怒江裂腹鱼的食物组成

食物类别	$O\%$ （%）	$N\%$ （%）	$W\%$ （%）	IRI （%）	$IRI\%$ （%）
藻类					
硅藻门					
桥弯藻属	93.96	1.15	+	108.56	0.64
羽纹藻属	62.21	1.79	0.05	114.82	0.67
针杆藻属	99.23	8.58	0.08	858.59	5.03
脆杆藻属	60.82	3.58	0.03	231.70	1.36
异极藻属	71.55	13.12	0.02	940.05	5.50
短缝藻属	100	18.81	0.03	1 884.24	11.03
直链藻属	23.08	1.92	+	44.38	0.26
菱板藻属	31.82	0.96	+	30.68	0.18
双菱藻属	8.93	0.35	+	4.03	0.02
峨眉藻属	23.08	0.45	+	10.37	0.06
平板藻属	14.39	2.08	+	31.10	0.18
等片藻属	80.87	35.00	0.16	2 843.58	16.65
舟形藻属	94.15	9.86	0.04	932.03	5.46
卵形藻属	5.18	0.32	+	1.66	0.01
布纹藻属	3.77	0.13	+	0.57	+
小环藻属	8.93	0.13	+	1.15	0.01
棒杆藻属	0.76	+	+	+	+
星杆藻属	1.59	+	+	+	+

（续）

食物类别	O% (%)	N% (%)	W% (%)	IRI (%)	IRI% (%)
蓝藻门					
念珠藻属	6.05	1.28	+	7.74	0.05
鱼腥藻属	2.94	+	+	+	+
转板藻属	3.77	0.32	+	1.21	0.01
色球藻属	1.59	+	+	+	+
绿藻门					
鼓藻属	5.18	0.13	+	0.66	+
鞘藻属	0.76	+	+	+	+
小球藻属	8.93	+	+	0.01	+
水绵属	1.59	+	+	+	+
其他藻类					
黄丝藻属	1.59	+	0.01	+	0.02
囊裸藻属	0.76	+	+	+	+
小型无脊椎动物					
原生动物门					
拟铃壳虫属	60.82	0.01	+	0.74	+
砂壳虫属	100	0.03	+	3.31	0.02
筒壳虫属	1.47	+	+	0.01	+
表壳虫属	2.31	+	+	+	+
鳞壳虫属	0.76	+	+	+	+
匣壳虫属	0.24	+	+	+	+
钟虫属	14.39	0.77	0.02	11.29	0.07
轮虫					
轮虫卵	42.86	0.92	1.55	105.90	0.69
晶囊轮属	1.47	+	+	0.01	+
多肢轮属	7.61	+	+	0.01	+
臂尾轮属	5.37	+	+	+	+
节肢动物门					
尖额溞属	11.93	+	+	0.04	+
无节幼体	0.76	+	+	+	+
剑水蚤	0.76	+	+	+	+
大型无脊椎动物					
节肢动物门					
摇纹幼虫	87.45	+	97.91	8 695.85	50.91

（续）

食物类别	O% （%）	N% （%）	W% （%）	IRI （%）	IRI% （%）
摇纹蛹	1.47	+	+	+	+
线虫动物门					
线虫纲	15.84	+	+	0.06	+
其他					
水生植物	80.87	+	+	0.42	+
有机碎屑	100	0.03	+	3.08	0.02

注：+表示该饵料所占的百分比＜0.01%。

2. 裸腹叶须鱼

从 30 尾样本肠道中共检测出藻类 5 门 27 属（$O\% = 100\%$、$N\% = 97.71\%$、$W\% = 0.28\%$、$IRI\% = 51.84\%$）（表 6-11）。硅藻门 17 属（$IRI\% = 51.17\%$），蓝藻门 4 属（$N\% = 5.37\%$），绿藻门 4 属（$N\% = 2.61\%$），黄藻门、裸藻门各 1 属。原生动物门、轮虫、节肢动物门分别 6 属、5 属、12 属。昆虫纲 4 目 3 科，水生昆虫（$O\% = 100\%$、$W\% = 90.32\%$、$IRI\% = 41.93\%$）有摇蚊幼虫（$O\% = 71.43\%$、$W\% = 89.35\%$、$IRI\% = 41.86\%$）和摇蚊蛹（$Chironomid\ pupae$，$O\% = 28.57\%$）。还检出植物碎片、昆虫残肢、少量线虫、有机碎屑（$O\% = 100\%$、$W\% = 8.36\%$）及泥沙。因此推测裸腹叶须鱼属杂食性偏动物食性鱼类。

表 6-11　裸腹叶须鱼的食物组成

食物类别	O% （%）	N% （%）	W% （%）	IRI	IRI% （%）
藻类					
硅藻门					
桥弯藻属	71.55	2.79	0.01	200.32	1.31
羽纹藻属	23.08	0.64	0.02	15.36	0.10
针杆藻属	100	4.29	0.04	433.60	2.84
脆杆藻属	99.23	1.93	0.02	193.62	1.27
异极藻属	94.15	8.16	0.01	769.22	5.04
短缝藻属	100	38.42	0.06	3 848.59	25.24
直链藻属	42.86	10.73	0.02	460.76	3.02
菱板藻属	21.52	0.43	+	9.28	0.06
峨眉藻属	14.29	0.43	+	6.16	0.04
等片藻属	100	8.59	0.04	862.89	5.66
舟形藻属	100	8.37	0.04	841.32	5.52
小环藻属	50.29	1.72	+	86.60	0.57

（续）

食物类别	O% (%)	N% (%)	W% (%)	IRI	IRI% (%)
平板藻属	23.08	3.22	+	74.34	0.49
波缘藻属	14.29	0.02	+	0.36	+
辐节藻属	2.31	+	+	+	+
布纹藻属	1.55	+	+	+	+
双菱藻属	1.55	+	+	+	+
蓝藻门					
念珠藻属	11.57	2.15	+	24.84	0.16
转板藻属	14.29	3.22	0.01	46.09	0.30
席藻属	3.16	+	+	+	+
色球藻属	1.55	+	+	+	+
绿藻门					
鞘藻属	14.29	2.15	+	30.72	0.20
鼓藻属	3.77	0.43	+	1.62	0.01
水绵属	2.31	0.01	+	0.02	+
栅藻属	2.31	0.02	+	0.06	+
其他藻类					
囊裸藻属	1.55	0.02	+	+	0.03
黄丝藻属	1.55	+	+	+	+
小型无脊椎动物					
原生动物门					
拟铃壳虫属	71.43	0.01	+	0.72	+
砂壳虫属	60.29	0.02	+	1.04	0.01
筒壳虫属	1.55	0.01	+	0.01	+
表壳虫属	2.31	+	+	0.01	+
匣壳虫属	3.16	+	+	+	+
钟虫属	23.08	+	+	0.08	+
轮虫					
晶囊轮属	1.47	0.01	0.01	0.03	+
臂尾轮属	2.31	+	+	+	+
多肢轮属	1.55	+	+	+	+
单趾轮属	1.03	+	+	+	+
龟甲轮属	1.55	+	+	+	+
节肢动物门					
尖额溞属	8.93	+	+	0.02	+

（续）

食物类别	O%（%）	N%（%）	W%（%）	IRI	IRI%（%）
裸腹溞属	5.25	＋	0.09	0.48	＋
剑水蚤	8.47	＋	0.03	0.25	＋
猛水蚤	2.31	＋	＋	＋	＋
无节幼体	1.55	＋	＋	＋	＋
大型无脊椎动物					
节肢动物门					
摇纹幼虫	71.43	＋	89.35	6 382.48	41.86
摇纹蛹	28.57	＋	0.24	7.02	0.05
舞虻科	7.78	＋	0.41	3.19	0.02
石蝇科	2.31	＋	＋	＋	＋
蜻蜓目	1.03	＋	＋	＋	＋
蜉蝣目	5.25	＋	0.14	0.75	0.01
半翅目	1.03	＋	＋	＋	＋
线虫动物门					
线虫纲	22.86	＋	0.06	2.68	0.02
其他					
水生植物	28.57	＋	＋	0.16	＋
有机碎屑	100	0.06	8.36	841.84	5.52

注：＋表示该饵料所占的百分比＜0.01%。

3. 热裸裂尻鱼

从 30 尾样本肠道中共检出藻类 6 门 39 属（$O\%=100\%$、$N\%=99.94\%$、$W\%=48.61\%$、$IRI\%=93.67\%$）（表 6-12）。硅藻门 19 属（$N\%=93.37\%$、$W\%=45.05\%$、$IRI\%=92.08\%$），以等片藻（$O\%=100\%$、$W\%=31.28\%$）和针杆藻（Synedra，$O\%=100\%$、$W\%=5.40\%$）为主。蓝藻门 6 属（$N\%=4.64\%$），绿藻门 11 属（$O\%=64.16\%$、$N\%=1.84\%$、$W\%=3.42\%$），甲藻门、裸藻门和黄藻门各 1 属。小型无脊椎动物包括原生动物门 4 属（$O\%=92.36\%$）、轮虫 5 属、节肢动物门 2 属。检出轮虫卵、钩虾（Gammarus，$W\%=16.9\%$、$IRI\%=2.95\%$）及高原鳅幼体（larval Triplophysa，$W\%=34.42\%$、$IRI\%=3.33\%$）。还检出寄生虫绦虫（tape worm）、小鱼残骸、腐烂的植物碎屑、有机碎屑及泥沙。因此推测热裸裂尻鱼属杂食性偏植物食性鱼类。

表 6-12　热裸裂尻鱼的食物组成

食物类别	O%（%）	N%（%）	W%（%）	IRI	IRI%（%）
藻类					
硅藻门					

（续）

食物类别	O% (%)	N% (%)	W% (%)	IRI	IRI% (%)
桥弯藻属	100	3.96	1.28	524.06	3.54
羽纹藻属	62.21	0.58	1.89	153.78	1.04
针杆藻属	100	5.55	5.4	1 095.16	7.41
脆杆藻属	100	2.05	1.99	403.95	2.73
异极藻属	100	8.07	1.31	937.62	6.34
短缝藻属	100	7.2	1.17	837.2	5.66
等片藻属	100	64.21	31.28	9 549.15	64.57
舟形藻属	99.23	0.5	0.24	73.81	0.5
卵形藻属	23.08	0.17	0.02	4.38	0.03
辐节藻属	21.52	0.08	＋	1.82	0.01
直链藻属	23.08	0.14	0.02	3.66	0.02
双眉藻属	28.57	0.07	0.01	2.28	0.02
菱形藻属	33.84	0.16	0.01	5.81	0.04
菱板藻属	21.52	0.1	0.05	3.2	0.02
峨眉藻属	23.08	0.07	0.02	2.22	0.02
双壁藻属	51.83	0.07	＋	3.95	0.03
波缘藻属	14.39	0.05	0.31	5.12	0.03
平板藻属	23.08	0.2	0.01	4.81	0.03
小环藻属	25.84	0.14	0.04	4.5	0.03
蓝藻门					
蓝纤维藻属	8.93	0.16	0.01	1.52	0.01
念珠藻属	60.82	2.21	0.05	149.67	1.01
色球藻属	2.31	0.03	＋	0.06	＋
席藻属	5.37	0.05	0.01	0.06	＋
平裂藻属	14.39	0.29	＋	0.27	＋
微囊藻属	5.81	1.3	＋	9.87	0.07
绿藻门					
十字藻属	25.84	0.21	0.01	5.76	0.04
鞘藻属	43.37	0.42	0.08	23.84	0.16
丝藻属	1.59	0.05	0.01	0.1	＋
栅藻属	8.93	0.11	＋	1.01	0.01
鼓藻属	23.08	0.09	0.01	2.24	0.02
新月藻属	5.81	0.05	0.15	1	0.01
盘星藻属	8.93	0.58	3.02	32.38	0.22

（续）

食物类别	O% （%）	N% （%）	W% （%）	IRI	IRI% （%）
转板藻属	33.08	0.16	0.03	6.29	0.04
盘藻属	0.92	0.02	0.08	0.09	＋
角星鼓藻属	1.59	0.04	＋	0.06	＋
韦氏藻属	8.93	0.11	0.04	1.3	0.01
其他藻类					
囊裸藻属	0.76	0.04	＋	＋	＋
黄丝藻属	2.94	＋	＋	0.03	＋
薄甲藻属	3.77	0.11	0.07	0.68	＋
小型无脊椎动物					
原生动物门					
拟铃壳虫属	82.21	＋	＋	0.48	＋
砂壳虫属	100	＋	0.01	0.68	＋
筒壳虫属	14.39	＋	＋	＋	＋
表壳虫属	0.24	＋	＋	＋	＋
轮虫					
轮虫卵	5.81	0.02	0.03	0.27	＋
晶囊轮属	0.24	＋	＋	＋	＋
臂尾轮属	2.32	＋	0.01	0.03	＋
多肢轮属	1.59	＋	0.01	0.01	＋
龟甲轮属	1.47	＋	0.01	0.01	＋
异尾轮属	1.59	＋	0.01	0.01	＋
节肢动物门					
尖额溞属	11.93	＋	0.02	0.24	＋
大型无脊椎动物					
钩虾属	25.84	＋	16.88	436.17	2.95
其他					
水生植物	77.26	＋	0.01	0.87	0.01
有机碎屑	100	＋	0.04	4.69	0.03
小高原鳅	14.39	＋	34.42	491.91	3.33

注：＋表示该饵料所占的百分比<0.01%。

（五）食物重叠情况

根据各类饵料对食性的贡献率，分为六组，根据重量百分比计算饵料重叠指数（图 6-31，表6-13）。

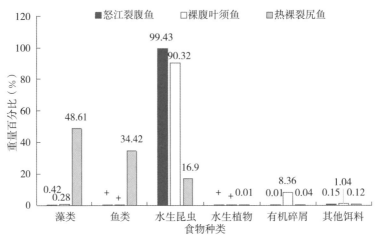

图 6-31　各类饵料的重量百分比

表 6-13　三种鱼的饵料重叠指数

	裸腹叶须鱼	热裸裂尻鱼
怒江裂腹鱼	0.91	0.16
裸腹叶须鱼		0.17

三种裂腹鱼各类饵料组成比例不同，怒江裂腹鱼与裸腹叶须鱼的饵料重叠指数较高，热裸裂尻鱼与另两种鱼的饵料重叠程度较低。

（六）营养生态位宽度

三种裂腹鱼食物多样性指数和均匀度指数的变化幅度较大。热裸裂尻鱼两种指数最大，裸腹叶须鱼次之，怒江裂腹鱼最小（表 6-14）。

表 6-14　三种裂腹鱼食性和多样性指数

鱼名	主要食物	食性	多样性指数（H'）	均匀度指数（J）
怒江裂腹鱼	水生昆虫	杂食性偏动物食性	0.03	0.02
裸腹叶须鱼	水生昆虫	杂食性偏动物食性	0.43	0.24
热裸裂尻鱼	着生藻类	杂食性偏植物食性	1.01	0.56

（七）摄食及消化器官形态与食性的关系

比较怒江西藏段 3 种性状特化等级不同的裂腹鱼，即原始特化等级的怒江裂腹鱼、特化等级的裸腹叶须鱼、高度特化等级的热裸裂尻鱼，在摄食消化器官形态上的差异，发现裂腹鱼随特化等级由低到高，须的数量逐渐减少，最终完全消失，与此同时，下咽齿由 2 列减少至 1 列，体鳞也逐渐退化。而且，这 3 种鱼的分布随海拔升高呈垂直分布现象，特化等级越高的其分布海拔也越高，出现这种情况的可能原因是随着海拔升高，环境条件更加恶劣，为减少能量消耗，裂腹鱼逐渐演变为蛰居，代替在江底主动巡游寻找食物的生活方式，从而减少了触须的使用频率以至退化，体鳞也因游动频率减少而退化；同时增大食谱范围，杂食性程度增大；为使体内储存尽可能多的食物，肠道尽快达到饱满状态，减少了下咽齿研磨食物功能以至下咽齿行数减少。咽齿形态的分化往往是一种适应性变化，是各科鱼类系统分化以后再行次级分化的生态适应特征，是一种非同源特征（何舜平等，1997）。由此可见，这一系列的形态特征变化反映了高原裂腹鱼类的生态适应性机制。

研究结果也印证了高原裂腹鱼类的生态适应性：①特化等级越高，裂腹鱼类食物多样性指数和均匀度指数越高，营养生态位宽度越大且不同等级的裂腹鱼差距较大。②特化等级越高，裂腹鱼类摄食率越高，肠道饱满度越高。虽然不同季节的取样方式差异也可能影响摄食强度，且被动性渔具操作时间较长可导致空胃率增加，但本节样本量较高，所以研究结果具有代表性。③杂食性偏植物食性的热裸裂尻鱼，在体长达到 280 mm 以上时，几乎每尾鱼的肠道内都能发现幼体高原鳅，说明了其食谱范围的增大，也可能随着个体生长食性发生了部分转变。④3 种鱼主食或兼食的藻类种类丰富且不同种鱼摄食的主要藻类有差异，也证明了裂腹鱼类摄食藻类范围大大增加且存在营养生态位的分化。⑤多元分析特征指标显示：在主成分分析和判别分析中，散点图中每种鱼分布几乎无重叠，易区分，3 种鱼综合判别率均较高（90.6%），均说明 3 种鱼器官形态具明显差异。聚类分析的分级聚类过程，主成分里贡献率高的指标，反映了 3 种鱼在口部、头部及肠道差异明显。单因素方差分析则更详细地显示了特化等级由低到高的 3 种鱼的变化差异：特化等级由低到高的 3 种鱼，其吻长、口裂面积、鳃耙间距、外鳃耙长均呈下降趋势。多元分析综合表明，3 种裂腹鱼头部形态已有了一定程度的分化。

（八）摄食行为与生态因子的关系

鱼类索饵过程中所表现出来的一系列形态、感觉、行为、生态和生理特性是长期自然选择造成的，这些特性保证了鱼类具有最强的摄食生态适应性，且这种适应性总是倾向于使鱼类获得最大的净能量收益（Pyke，1984）。笔者对 3 种不同特化等级裂腹鱼摄食生态方面的研究结果符合最适索饵理论，其中摄食器官的差异导致对食物的选择性不同，进而引起摄食方式及食性的差异。

原始等级的怒江裂腹鱼具下位口，借助锐利的下颌角质边缘、密集乳突、两对长须，寻找并刮取基质中的底栖生物，摄食方式为刮食。食性分析结果显示，属杂食性偏底栖无脊椎动物食性，食性结果和摄食器官密切相关。一般来说，鱼类下咽齿的数目、排列方式及形态特征和食性相关（郏国生等，1987），口裂的大小通常与其摄食饵料个体大小正相关（Piet，1998）。怒江裂腹鱼具尖状下咽齿 3 行，口裂宽度较大，这些性状具有的功能为吞食并撕裂较大体型的水生昆虫和充分研磨藻类。鱼类鳃耙的长度和数量与其摄食的食物大小密切相关（Motta et al.，1995），鱼类消化吸收植物性食物比动物性食物所消耗的时间要长，为了增加饵料在肠道内的容留时间，植食性鱼类肠道的相对长度通常要大于肉食性鱼类的相对长度（潘黔生等，1996）。怒江裂腹鱼鳃耙、肠道较长，与摄食方式和饵料属性一致。特化等级的裸腹叶须鱼借助一对长须、发达的厚唇，吸取底泥中的底栖动物和有机碎屑，无刮食鱼类具有的下颌前缘角质，因此摄食方式为吸食型。属杂食性偏底栖无脊椎动物食性，此结果与胡睿（2012）对裸腹叶须鱼食性的研究结果一致。口裂宽度较大，下咽齿顶端呈钩状，咀嚼面窄，适于固定并撕裂无脊椎动物，较短的肠道适于进一步消化。高度特化等级的热裸裂尻鱼与怒江裂腹鱼相同，借助锐利的下颌角质边缘刮取饵料，摄食方式为刮食。不同的是，热裸裂尻鱼无须，下咽齿2行，口裂宽度较小，因此只能刮取基质和底石表面着生的藻类，属杂食性偏藻类食性。但体长280 mm以上的较大个体因摄食器官的生长完善，采用吞食的方式摄食高原鳅幼体，扩大摄食范围来适应高海拔资源匮乏的环境条件。

裂腹鱼类摄食习性也与生活环境相对应。研究结果表明，3种鱼特化等级由低到高，分布区域的海拔也不断升高，种群间分布区域存在不同程度的重叠。怒江裂腹鱼与裸腹叶须鱼的食物重叠指数较高。这与其生活环境较为类似有关，这两种鱼类分布在海拔为1 500～3 800 m的河段，属峡谷地带，水流湍急，水温相对较高，饵料资源相对较丰富，动物性饵料如底栖无脊椎动物较多。相似的生境条件及饵料资源造成了两种鱼的食物重叠程度较高，重叠的分布区域也表明两种鱼存在食物竞争现象。而热裸裂尻鱼主要分布在海拔为3 600～4 500 m的上游河段，多为浅滩型河流生境。随着海拔上升，水温下降，由八宿河段的12.9℃至边坝镇河段的10.2℃再降至色尼区河段的8.4℃；流速减缓，由洛隆县河段的1.965 m/s，降至比如河段的1.147 m/s，再降至色尼区河段的0.876 m/s。色尼区河段食物种类少，且多为营养成分比较低的着生藻类。不同生境条件及饵料资源导致了热裸裂尻鱼与另两种鱼的食物重叠程度较低。上述环境条件均为高原裂腹鱼类生态适应性的环境基础。裸腹叶须鱼除在干流分布外，在支流也有分布。栖息及摄食区域的差异、空间生态位的分化减缓了怒江裂腹鱼和裸腹叶须鱼的食物竞争，符合经典共存理论（Svanbäck et al.，2007）。

第六节 繁殖特征

一、研究方法

笔者采用以下方法对裸腹叶须鱼与热裸裂尻鱼的繁殖力特征进行分析：

（1）鱼类的基础材料收集，包括雌雄性群体初次性成熟体长、体重、对应年龄，成熟系数、繁殖时间段、雌雄平常与繁殖季节的比例，以及绝对繁殖力和相对繁殖力等描述繁殖力特征的材料收集。所有样本在新鲜状态下进行常规生物学测量，记录体长、体重、去内脏体重（去除鱼体腹腔内心、肝、脾、鳔、性腺等所有内脏后的体重）、性腺重。

（2）新鲜状态下进行解剖并观察性腺的外形特征，抽出不同分期的卵巢并称取重量。

（3）回归方程分析 $P_L = 100 / [1 + e^{(a+b\cdot L)}]$，$L_{50} = -a/b$，并作图。

（4）用成熟系数确定繁殖期的繁殖力大小和相关影响因素。

（5）计算绝对繁殖力和相对繁殖力。

（6）鱼类年龄鉴定，如上。

（7）作图分析。对以上指标分别作图，并利用 SPSS 等统计学软件，结合多种统计学方法对数据进行处理分析，掌握鱼类繁殖力特征的变化趋势等。

二、研究结果

裸腹叶须鱼的绝对繁殖力范围为 1 902.24～14 876.77 粒，相对繁殖力为 86.25～480.56 粒/g；热裸裂尻鱼的绝对繁殖力为 2 943.422～11 201.89 粒，相对繁殖力为 199.913～578.689 粒/g。上述两种鱼类的繁殖力数据如表 6‐15 所示。

表 6‐15　裸腹叶须鱼与热裸裂尻鱼繁殖力研究结果

鱼类名称	绝对繁殖力（粒）			相对繁殖力（粒/g）		
	最小值	最大值	平均值	最小值	最大值	平均值
裸腹叶须鱼	1 902.24	14 876.77	8 014.74	86.25	480.56	252.83
热裸裂尻鱼	2 943.422	11 201.89	6 273.05	199.913	578.689	308.2

由图 6‐32 可以看出，裸腹叶须鱼绝对繁殖力与体长呈明显的多项式方程关系，其关系式为：

$$y = -0.120\,7x^2 + 121.77x - 20\,359，R^2 = 0.908\,4$$

方程拟合度高。

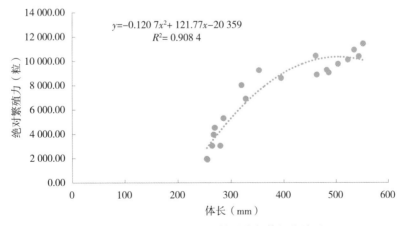

图 6‐32　裸腹叶须鱼绝对繁殖力与体长的关系

由图 6‐33 可以看出，热裸裂尻鱼绝对繁殖力与体长呈明显的线性关系，其方程式为：

$$y = 122.14x - 31\,029，R^2 = 0.704\,7$$

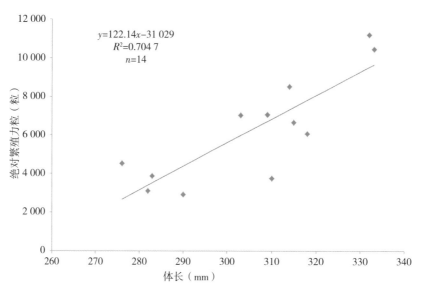

$y=122.14x-31\,029$
$R^2=0.704\,7$
$n=14$

图 6-33　热裸裂尻鱼绝对繁殖力与体长的关系

第七节　资源状况

一、渔获量

2017—2019 年在怒江西藏段左贡县、八宿县、马利镇、边坝县、比如县、色尼区站点开展渔获物调查，共计调查七次，调查时间分别为 2017 年春季和秋季，2018 年春季、夏季和秋季，2019 年春季和秋季。渔获量调查采集数量、捕捞量、种类数分别见表6-16、表 6-17 和表 6-18。

表 6-16　2017—2019 年怒江西藏段各调查站点单位捕捞数量（尾）

调查站点	2017 年春季	2017 年秋季	2018 年春季	2018 年夏季	2018 年秋季	2019 年春季	2019 年秋季
左贡县	77	36	130	81	34	213	167
八宿县	68	118	65	57	16	68	184
马利镇	81	66	78	12	60	37	110
边坝县	29	43	94	16	9	40	78
比如县	148	128	120	41	106	65	198
色尼区	157	95	129	285	117	87	0

表 6 - 17　2017—2019 年怒江西藏段各调查站点单位捕捞努力量渔获量（g）

调查站点	2017 年春季	2017 年秋季	2018 年春季	2018 年夏季	2018 年秋季	2019 年春季	2019 年秋季
左贡县	3 996.8	2 197.86	7 585.87	1 270.03	529.8	6 837.78	5 380.75
八宿县	4 247.86	8 604.54	10 419.71	1 885.89	633.31	2 306.58	8 773.86
马利镇	8 076.52	5 803.88	7 388.67	538.79	3 619.65	1 487.63	1 168.59
边坝县	2 732	3 705.52	14 399.44	789.9	772.92	7 362.79	6 920.53
比如县	4 530.58	12 036.08	14 649.1	1 236.21	11 985.71	8 152.92	10 329.42
色尼区	13 972.24	15 837.72	11 493.8	28 656.22	15 925.02	7 212.32	0

表 6 - 18　2017—2019 年怒江西藏段各调查站点单位捕捞鱼类种类数（种）

调查站点	2017 年春季	2017 年秋季	2018 年春季	2018 年夏季	2018 年秋季	2019 年春季	2019 年秋季
左贡县	2	3	2	3	2	4	3
八宿县	5	5	5	5	4	4	4
马利镇	3	5		4	4	4	4
边坝县	2	3		3	3	2	3
比如县	4	4		4	4	4	3
色尼区	2	3	3	3	3	3	0

　　由图 6 - 34 可以看出，2017—2019 年怒江西藏段各个调查站点单位捕捞数量变化还是有明显不同的，整体是先减少后增加的趋势，其中在比如县江段总体捕鱼数量是最多的，在边坝县江段整体捕鱼数量是最少的，各个季节来看，在色尼区 2018 年夏季捕鱼数量最高，在边坝县江段 2018 年秋季捕鱼数量最少。

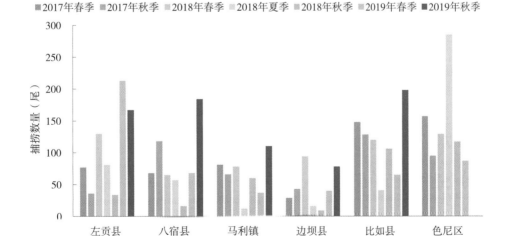

■2017年春季　■2017年秋季　■2018年春季　■2018年夏季　■2018年秋季　■2019年春季　■2019年秋季

图 6 - 34　2017—2019 年怒江西藏段各个调查站点单位捕捞数量

　　由图 6 - 35 可以看出，2017—2019 年怒江西藏段各个调查站点单位捕捞渔获量变化还是有明显不同的，整体是先减少后增加的趋势，其中在色尼区江段总体渔获量是最多的，在左贡县江段整体渔获量是最少的，各个季节来看，在色尼区 2018 年夏季渔获量最高，在马利镇江段 2018 年夏季渔获量最少。

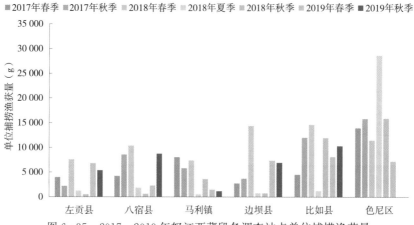

图 6 - 35　2017—2019 年怒江西藏段各调查站点单位捕捞渔获量

由图 6 - 36 可以看出，2017—2019 年怒江西藏段各个调查站点单位捕捞鱼类种类数变化还是有明显不同的，整体呈先增加后减少再增加再减少的趋势，其中在八宿县江段总体捕捞鱼类种类数是最多的，在左贡县江段整体捕捞鱼类种类数是最少的。

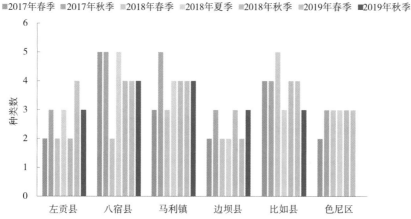

图 6 - 36　2017—2019 年怒江西藏段各调查站点单位捕捞鱼类种类数

二、时空分布特征

（一）空间分布特征

通过对 2017—2019 年七次调查采集到的渔获物数量和生物量按调查站点进行汇总分析，可发现在干流江段从下游到上游，怒江裂腹鱼渔获物数量与生物量均呈现出先增加后减少的趋势，渔获物数量在八宿县江段达到最高，捕捞生物量仅次于最高值的比如县，但在海拔最高的色尼区江段未采集到怒江裂腹鱼，左贡县的采集量也非常稀少；裸腹叶须鱼渔获物数量和生物量也呈现出先增加后减少的趋势，数量和生物量均在比如县江段达到最高，但在察瓦龙江段未采集到裸腹叶须鱼；热裸裂尻鱼渔获物数量与生物量均呈先逐渐减少后增加的趋势，在海拔最高的色尼区江段热裸裂尻鱼渔获物数量和生物量均达到最高，但在察瓦龙乡江段未采集到热裸裂尻鱼（图 6‑37、图 6‑38、图 6‑39）。

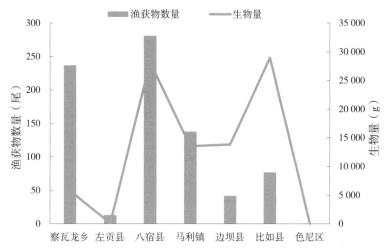

图 6‑37　2017—2019 年怒江裂腹鱼在各调查站点捕获的渔获物数量与生物量

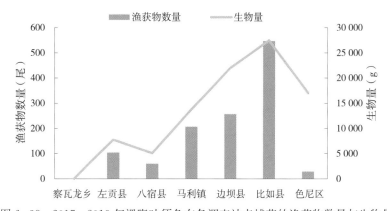

图 6‑38　2017—2019 年裸腹叶须鱼在各调查站点捕获的渔获物数量与生物量

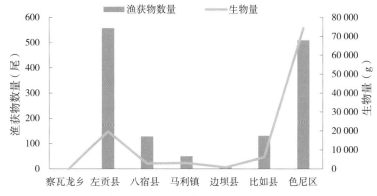

图 6‑39　2017—2019 年热裸裂尻鱼在各调查站点捕获的渔获物数量与生物量

（二）时间分布特征

通过对 2017—2019 年七次调查采集到的渔获物数量和生物量按采样季节进行汇总分析，可发现：除个别地区（边坝县）以外，怒江裂腹鱼春季的渔获物数量均呈现出低于秋季的趋势；其生物量的季节变化趋势不明显。此外，怒江裂腹鱼在八宿县江段秋季的渔获物数量最高，比如县江段秋季的渔获物生物量最高（图 6 - 40、图 6 - 41）。裸腹叶须鱼春季的渔获物数量和生物量均略微高于秋季，其中左贡县、马利镇、边坝县江段和比如县江段的渔获物数量较高，马利镇、边坝县、比如县和色尼区江段的渔获物生物量较高（图 6 - 42、图 6 - 43）。热裸裂尻鱼春季渔获物数量高于秋季，而春季的渔获物生物量低于秋季。渔获物主要在左贡县和色尼区江段，生物量则集中在色尼区江段，八宿县、马利镇、边坝县和比如县江段的渔获物数量和生物量均较低（图 6 - 44、图 6 - 45）。

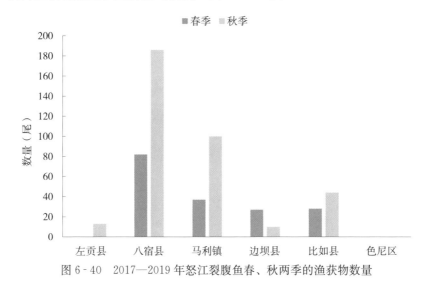

图 6 - 40　2017—2019 年怒江裂腹鱼春、秋两季的渔获物数量

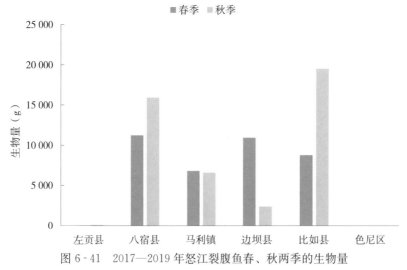

图 6 - 41　2017—2019 年怒江裂腹鱼春、秋两季的生物量

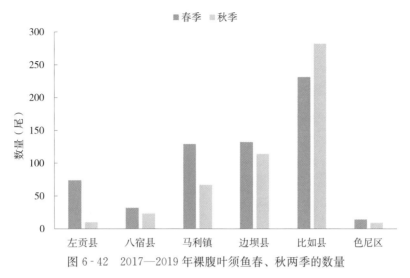

图 6 - 42　2017—2019 年裸腹叶须鱼春、秋两季的数量

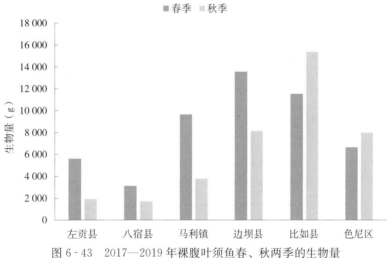

图 6 - 43　2017—2019 年裸腹叶须鱼春、秋两季的生物量

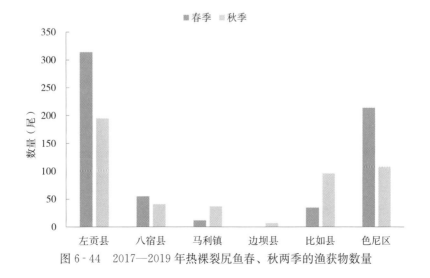

图 6 - 44　2017—2019 年热裸裂尻鱼春、秋两季的渔获物数量

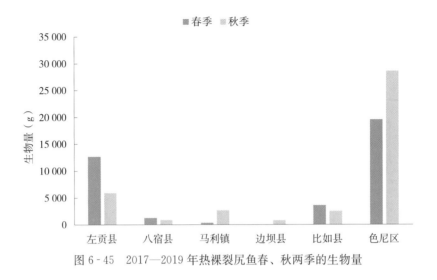

图 6 - 45 2017—2019 年热裸裂尻鱼春、秋两季的生物量

三、资源变动状况

怒江裂腹鱼、裸腹叶须鱼、热裸裂尻鱼 3 种裂腹鱼亚科鱼类不仅是怒江西藏段的优势鱼类物种，而且是该区域的主要经济鱼类。

根据刘绍平等（2016）的研究，2006—2007 年怒江裂腹鱼、裸腹叶须鱼和热裸裂尻鱼在怒江西藏段渔获物中所占的数量比例分别为 11.396％、4.353％和 57.875％，重量百分比分别为 59.152％、18.746％和 18.825％，平均体重分别为 193.30g、160.35g 和 120.11g（表 6 - 19）。可以看出 2006—2007 年怒江西藏段渔获物中，热裸裂尻鱼在数量上占绝对优势，但其体重较小，使得在重量上无法形成优势；而怒江裂腹鱼在数量上并不占优势，但由于该种鱼类个体较大，其为数不多的个体在总的渔获物比例中占据了重量优势；裸腹叶须鱼的渔获物数量最少，但是该鱼类个体的重量较大，使得在渔获物重量占比中形成了一定的优势。

表 6 - 19 三种裂腹鱼数量和重量百分比及平均体重

调查时间	数据类型	怒江裂腹鱼	裸腹叶须鱼	热裸裂尻鱼
	数量比（％）	11.396	4.353	57.875
2006—2007 年	重量比（％）	59.152	18.746	18.825
	平均体重（g）	193.30	160.35	120.11
	数量比（％）	19.41	29.66	34.07
2017—2019 年	重量比（％）	30.45	31.39	36.02
	平均体重（g）	114.60	77.31	77.25

根据本节的渔获物调查结果，2017—2019 年怒江裂腹鱼、裸腹叶须鱼和热裸裂尻鱼三种优势鱼类物种在总渔获物中的数量比例分别为 19.41％、29.66％和 34.07％，重量比例分别为 30.45％、31.39％和 36.02％，平均体重分别为 114.60g、77.31 g 和 77.25 g（表 6 - 19）。

与 2006—2007 年的渔获物调查结果相比，2017—2019 年怒江西藏段的热裸裂尻鱼在数量上的比例有所降低（由 57.875% 降低至 34.07%），而怒江裂腹鱼和裸腹叶须鱼的数量比例均有明显增长（由 11.396% 升至 19.41%；4.353% 升至 29.66%）（图 6-46）。但值得注意的是，怒江裂腹鱼虽然在数量比例上有较大的增加，但其在渔获物中的重量比例却降低了很多（由 59.152% 降低至 30.45%），结合两次调查结果的平均体重的对比（2006—2007 年 193.30 g，2017—2019 年 114.60 g）（图 6-47、图 6-48），可以初步推断在 10 多年的时间内，怒江裂腹鱼可能因人类活动干扰（如过度捕捞等）而出现了个体小型化的现象。由于个体小型化的出现，导致怒江裂腹鱼渔获量出现数量占比增加而重量比例反而减小的现象。怒江裂腹鱼是怒江流域特有的鱼类物种，且该鱼类物种对环境变化较为敏感，近 10 多年的人类活动干扰造成其资源受到一定程度的破坏，当其所受干扰严重到一定程度时，种群资源将难以恢复，因此，需要对其资源及所栖息的水域环境加以保护，以实现鱼类资源的可持续发展。

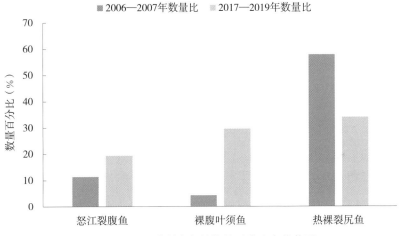

图 6-46　三种裂腹鱼的数量百分比变化状况

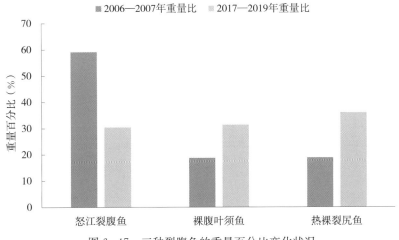

图 6-47　三种裂腹鱼的重量百分比变化状况

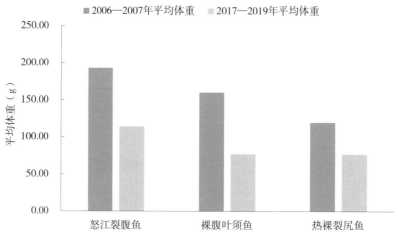

图 6-48　三种裂腹鱼的平均体重变化状况

对于裸腹叶须鱼来说，其数量比和重量比在 10 年时间内均有明显的增加（数量比从 4.353% 增加到 29.66%，重量比从 18.746% 增加到 31.39%），但与怒江裂腹鱼类似，其平均体重的降低（从 160.35 g 降低至 77.31 g）说明裸腹叶须鱼也出现了个体小型化的问题，人类活动的干扰和生存栖息地环境的改变对裸腹叶须鱼产生了影响。

热裸裂尻鱼在 10 多年的时间内数量比明显减少（由 57.875% 降低至 34.07%），但重量比却有显著增加（由 18.825% 增加至 36.02%）。结合其平均体重的变化（由 120.11 g 减少至 77.25 g）（图 6-46、图 6-47、图 6-48），可以推断，在人类活动胁迫下，怒江裂腹鱼、裸腹叶须鱼以及热裸裂尻鱼这三种鱼类的群落结构发生了显著变化，其受到的不利影响致使其在怒江西藏段流域中的竞争能力减弱，从而导致出现了个体小型化的现象。

第七章
怒江西藏段鱼类栖息地概况

鱼类栖息地是指在鱼类不同的生活阶段，满足不同需要并行使其特定功能的小环境条件组成的单元（王成友，2012）。它不仅为鱼类提供了生存空间，同时还提供了满足鱼类生存、生长和繁殖的全部环境因素，例如产卵场、索饵场、越冬场等。同一尾鱼很少会在同一个生境中度过它的一生，大多数鱼类会在其生活的河段中进行迁移洄游产卵，在个体生活史中往往需要各种不同的栖息地。鱼类的栖息地主要分为功能性栖息地和物理栖息地。前者从生物环境和非生物环境两个方面进行研究。生物环境主要是研究与鱼类有捕食关系、合作关系和竞争关系等相互作用的一些其他生物（如饵料生物、竞争者、捕食者等）；非生物环境主要研究河床底质、水深、流速、流态、水体理化因子等与鱼类栖息相关的环境因素。物理栖息地主要研究内容与功能性栖息地里的非生物环境差不多，更倾向于研究基于不同水流条件下的河流栖息地的质量及其对生物的影响，最终获得生物的最小生态需水量（王龙涛，2015）。

我国鱼类资源丰富，栖息地类型多样，但由于社会经济发展的需要而修建了大量水利水电工程，造成鱼类栖息地不断遭受破坏，部分鱼类逐渐处于受威胁状态或濒临灭绝。对此，已有研究者分析了多种鱼类栖息地的保护方法，建立鱼类自然保护区被认为是对鱼类栖息地保护的最佳措施，生态调度也被认为是对鱼类等水生生物栖息环境保护的重要措施。而对于一些水电开发程度较大、不再适合建立鱼类自然保护区的河流，可采取工程性生态补偿措施，如建设仿自然旁道、鱼闸、升鱼机等过鱼设施。仿自然旁道是在水利工程大坝的旁边建一条仿自然河流的通道，在工程性补偿措施中是效果最好的。升鱼机和鱼闸在国外有所报道，但在我国运用较少（张亢西，1976；克莱等，1978）。

怒江鱼类产卵场生境有江中砾石浅滩、江边卵石石缝和江河支流上游三种类型（刘绍平等，2016）。怒江鱼类主要以着生藻类和水生昆虫为食，它们在江边流水浅滩上觅食。这类环境在整个怒江都比较多，因此，鱼类的索饵场在该河段内均有分布，但没有形成较大型的索饵场，此外，水流平缓的江边、支流河口也是幼鱼适宜的索饵场所，索饵场规模均较小。根据经济鱼类的生物学特征、怒江流域的地形地貌与水文特征等分析，鱼类的越冬场所主要在干流的河槽、深塘之中，怒江流域存在许多类似的具有越冬条件的地方，但面积都不大。

第一节　调查方法

于2018年3—4月、7—9月，在鱼类资源调查的同时开展鱼类重要栖息地调查，调查路线与鱼类资源调查路线相同，从怒江察瓦龙断面开始，一路沿江向上游进行，途经左贡县（怒江支流玉曲）、八宿县、洛隆县、边坝县、比如县，最终到怒江源头色尼区。

通过以下途径进行：①通过访问获得鱼类的繁殖时间、场所，以及在越冬期间鱼类的主要栖息地。②通过渔获物调查，获取有关鱼类繁殖群体，尤其是处于流卵、流精的个体出现的地点、产卵时间。③在一些可能成为鱼卵黏附基质的地方，寻找黏性鱼卵，获取直接的证据。④采用弶网和圆锥网监测产漂流性卵鱼类产卵场。

第二节　历史资料

一、产卵场分布

2015年怒江上游流域鱼类产卵场分布地点有：比如县以上河段、比如县—色曲汇入口河段、色曲汇入口—加玉桥河段，以及加玉桥以下河段（王龙涛，2015）。比如县以上河段属于怒江源区，是那曲河主要流域，平均海拔4 000 m以上，河谷较宽，特别是查龙水电站以上河段，两岸多浅滩，尤以左岸浅滩分布更为广泛，是高原鱼类的主要产卵场所；比如县以下至色曲汇入口河段河谷宽窄相间，海拔在3 400~4 000 m，鱼类产卵场多集中在宽谷段或支流汇入口段；色曲汇入口—加玉桥河段海拔高程在3 200~3 400 m，河段江面较宽，支流汇入众多，河流坡度小，弯道多，部分较宽谷地有阶地和河漫滩发育，是怒江干流鱼类产卵场较为集中的河段；加玉桥以下河段海拔在3 200 m以下，河谷深切、江面狭窄、支流汇入少、水流湍急、江中多险滩、河床坡降大，沿江河漫滩、支流汇入口存在鱼类产卵场，但零星分布，规模较小。

二、索饵场分布

2015年怒江西藏段索饵场主要有：沙丁至热玉段；洛隆至马利镇段；洛河至新荣段；同卡段；叶巴段；罗拉至俄米段等。另外，支流河口也是鱼类的索饵场所。支流汇合处河面宽阔，水流变缓，多具常年流水，水质条件好，更带来上游冲刷下来的丰富营养物质（王龙涛，2015）。

三、越冬场分布

怒江西藏段鱼类越冬场主要有：怒江上游水面较宽、水较深处，如错那湖、那曲河中的深潭及查龙、吉前、比如等水电站的库区（王龙涛，2015）。

第三节　调查结果

一、产卵场分布现状

怒江上游鱼类对产卵场环境要求并不严格，在符合产卵条件的河段分布广泛、零散，一般宽谷分布较多。由于宽谷段堆积物深厚，河床并不很稳定，产卵场的位置也不是固定不变的，往往洪水季节过后，河道就会发生改变，到来年鱼类繁殖季节时，原有产卵场由于环境条件改变，鱼类不再来此繁殖，会形成新的产卵场。但不同河段对鱼类产卵的重要性不同（李芳，2009）。

通过采用生境条件目视筛查与鱼类繁殖生物学特征分析相结合的方法，对怒江西藏段鱼类产卵场分布情况进行了初步调查。虽然没有采集到鱼卵，但在比如县断面、边坝县断面及洛隆县马利镇断面干流或支流目视到裂腹鱼幼鱼的存在，且在色尼江段查龙电站下游的鱼类早期资源调查中捕获到了大量鱼苗。

根据现有鱼类样本收集结果，在色尼区断面、比如县断面、洛隆县马利镇断面、八宿县断面采集到了雄性或雌性性腺发育到Ⅳ期和Ⅴ期的裂腹鱼类，其中雄性用手轻按腹部有白色精液流出，雌性经解剖观察卵巢后发现卵子已经成熟，尤其是在春季采样调查中在色尼江段查龙电站下游发现了雌性Ⅴ期和雄性Ⅴ期的裸腹叶须鱼，并且在夏季采样调查中在色尼江段查龙电站下游发现了裸腹叶须鱼鱼苗，可以基本确定色尼江段查龙电站下游为裸腹叶须鱼的一个产卵场。

在2018年度野外调查中，所调查的6个断面均存在面积不等的砾石浅滩，结合现场环境因子等非生物因素监测，流速、水温、溶解氧等条件均比较适宜裂腹鱼类的产卵，饵料生物丰度相对充足，具备成为裂腹鱼类产卵场的外在条件，初步推测在上述六个断面存在裂腹鱼类的潜在产卵场，具体分布区域见图7-1。

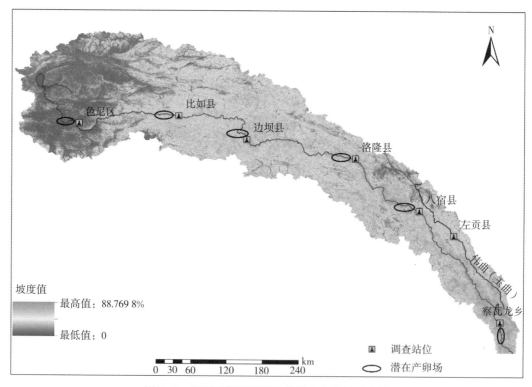

图 7-1　怒江西藏段裂腹鱼类潜在产卵场示意图

二、索饵场分布现状

裂腹鱼亚科、鮡科、鳅科鱼类主要在水位较浅而水流较急的干、支流砾石滩河段索饵，这些场所底质为砾石、卵石，其上固着藻类十分丰富，流水砾石间蜉蝣等水生昆虫数量很多，同时也是小型鱼类栖息场所（谭婕，2012）。

怒江上游江段在每年开冰以后，水温慢慢上升，流量逐渐增大，裂腹鱼类、高原鳅类及鮡类等鱼类随涨水而上溯开始"上滩"索饵。该批次怒江上游调查水域的鱼类多以着生藻类、有机碎屑、底栖无脊椎动物等为食，而浅水区光照条件好，砾石底质适宜着生藻类生长，往往是鱼类索饵的场所。

三、越冬场分布现状

怒江西藏段的鱼类主要为典型的冷水性种类，长期的生态适应和演化，使其具有抵御极低温水环境的能力，能在低温环境中顺利越冬。每年秋冬季节至翌年开冰之前，怒江进入枯水期，水位降低，水量减少，裂腹鱼类在枯水期水量小、水位低的情况下，进入缓流的深水河槽或深潭中越冬，这些水域多为岩石、砾石、沙砾底质，冬季水体透明度高，着生藻类等底栖生物较为丰富，为其提供了适宜的越冬场所。而条鳅亚科鱼类越冬场就在其栖息水域的深水区，如深潭、坑塘。评价区河段总体呈滩潭交替的格局，其广泛分布的深潭和深水河槽为其越冬场所，冬季水温下降，水量减小，鱼类从小型支流、支沟和河流上游降河洄游至深水区越冬。

生态保护

第八章

怒江西藏段鱼类保护策略与规划

第一节　怒江西藏段鱼类资源生存状况

　　地球上的生物多样性正在高速下降，许多物种面临着灭绝的威胁。在过去的 2 亿年中，平均每 100 万年就有 90 万种动物灭绝。据统计，人类干扰所导致物种灭绝的速度为自然灭绝速度的 1 000 多倍。通过查阅已有文献资料可知，我国脊椎动物面临的最大威胁是过度利用，这一因素威胁到《中国濒危动物红皮书》中 78％ 的物种，其次为栖息地破坏（70％）、污染（20％）、外来物种入侵（3％）和疾病（小于 1％）。目前，地球上的淡水鱼类资源十分有限，随着经济的快速发展，人们的生活水平不断提高，对水产品的需求日益增加。水域生态系统正处于持续增长的压力之下。截至 20 世纪 90 年代，我国处于濒危状态和受到严重威胁的淡水鱼类物种就有 97 种之多。随着近几年来社会经济的持续发展，濒危和受威胁的淡水鱼类物种数将进一步增大。

　　有研究者根据怒江鱼类的生态特征，将鱼类的生存状况分成了 6 个等级（刘绍平等，2016），分别为：绝灭级（extinct，Ex）、濒危级（endangered，En）、受胁级（threatened，T）、关注级（concerned，C）、无危级（least concern，Lc）和数据缺乏级（data deficient，DD）。

　　（1）绝灭级（Ex）。一个生物分类单元的全部个体已经死亡，列为绝灭级。

　　（2）濒危级（En）。对 K 繁殖对策生物来说，在可预见的不远的将来，其野生状态下灭绝概率较高的物种；对 r 繁殖对策生物来说，其主要种群已灭绝，或在主要分布区绝迹，或 50 年内未从野外采集到标本的物种。

　　（3）受胁级（T）。对 K 繁殖对策生物来说，其分类单元在未来一段时间中，在野生状态下灭绝的概率较高，列为受胁级；对 r 繁殖对策生物来说，那些濒临"经济灭绝"的经济物种，或种群"数量很少""个体很难发现"或从野外很难采集到标本的物种，列为受胁级。

　　（4）关注级（C）。生存状况值得关注，否则其生存状况会恶化，面临生存危机的物种，列为关注级。

　　（5）无危级（Lc）。那些在生态时间尺度（100 年或 50 个生物学世代，两个值中取其较大者）内不会达到受胁级的物种列为无危级。

　　（6）数据缺乏级（DD）。当没有足够的资料状况来评估其所面临的灭绝危险的程度时，即认为该分类单元属于数据缺乏。

　　根据怒江流域鱼类的种群现状与生境现状，综合考虑物种的种群数量下降速率、栖息环境破碎程度和栖息生境面积下降速率，参考世界自然保护联盟濒危等级标准、濒危野生动植物种国际贸易公约附录标准、濒危野生动植物种国际贸易公约附录物种、国家重点保护水生野生动物名录、省级重点保护水生野生动物名录，以及经世界自然保护联盟濒危等级标准评估的濒危水生野生动物或国家正式出版物中所列的有充足的科学数据支撑的重要鱼类，研究者对怒江 35 种土著鱼类物种生存状况进行了分析，结果如表 8-1 所示。

表 8-1　怒江土著鱼类物种生存状况

序号	物种中文名	学名	怒江特有	生存状况	相关说明
1	角鱼	*Akrokolioplax bicornis*	√	受胁级（T）	怒江特有，种群数量较多，但分布狭窄，生境脆弱，捕捞强度大
2	东方墨头鱼	*Garra orientalis*		关注级（C）	种群数量较少，分布狭窄，生境脆弱
3	墨头鱼	*Garra pingi*		关注级（C）	分布广，尚未达到关注级的标准。但受环境变化、水利工程影响较大
4	贡山裂腹鱼	*Schizothorax gongshanensis*	√	受胁级（T）	怒江特有种，种群数量少，分布狭窄。分布于对环境变化敏感的生境脆弱区域
5	怒江裂腹鱼	*Schizothorax nukiangensis*	√	关注级（C）	怒江特有种，个体大，怒江重要经济种类，种群小型化，种群数量下降。分布于对环境变化敏感的生境脆弱区域。无人工养殖
6	光唇裂腹鱼	*Schizothorax lissolabiatus*		关注级（C）	分布于支流中游，分布地明显斑块化。个体大，捕捞强度大。群体内遗传多样性差
7	裸腹叶须鱼	*Diptychus kaznakovi*		关注级（C）	分布于青藏高原，种群数量少，生长缓慢，在原分布区江河干流的一级、二级支流中个体数量少，外来人口增加，捕捞强度增大
8	热裸裂尻鱼	*Schizopygopsis thermalis* Herzenstein	√	关注级（C）	分布于青藏高原，种群数量少，生长缓慢，在原分布区江河干流的一级、二级支流和湖泊中成熟个体数量少，外来人口增加，捕捞强度增大
9	长南鳅	*Schistura longus*	√	关注级（C）	怒江特有种，分布范围狭窄，数量多，经济价值不大
10	南鳅属一种	*Schistura* sp.		无危级（Lc）	分布广，适应性强。但在怒江仅分布于支流东河，数量少，受水利工程以及水体污染影响较大
11	密带南鳅	*Schistura vinciguerrae*		无危级（Lc）	分布广，数量多，经济价值不大，尚未达到关注级的标准
12	异斑南鳅	*Schistura disparizona*		关注级（C）	分布范围狭窄，数量不多，经济价值不大
13	南方南鳅	*Schistura meridionalis*		数据缺乏级（DD）	文献记载分布种类，缺少足够数据，未予评估
14	短尾高原鳅	*Trilophysa brevviuda*		无危级（Lc）	分布广，数量多，经济价值不大，尚未达到关注级的标准。但环境变化影响较大
15	斯氏高原鳅	*Triplophysa stolioczkae*		无危级（Lc）	分布广，数量多，经济价值不大，尚未达到关注级的标准。但受环境变化影响较大
16	东方高原鳅	*Triplophysa orientalis*		无危级（Lc）	分布广，经济价值不大，尚未达到关注级的标准。但受环境变化影响较大
17	圆腹高原鳅	*Triplophysa rotundiventris*		无危级（Lc）	分布广，经济价值不大，尚未达到关注级的标准。但受环境变化影响较大
18	拟硬鳍高原鳅	*Triplophysa pseudoscleroptera*		无危级（Lc）	分布广，经济价值不大，尚未达到关注级的标准。但受环境变化影响较大

（续）

序号	物种中文名	学名	怒江特有	生存状况	相关说明
19	细尾高原鳅	*Triplophysa stenura*		无危级（Lc）	分布广，数量多，经济价值不大，尚未达到关注级的标准。但受环境变化影响较大
20	怒江高原鳅	*Triplophysa nujiangensa*	√	关注级（C）	怒江特有种，分布范围狭窄，数量多，经济价值不大
21	赫氏似鳞头鳅	*Lepidocephalichthys hasselti*		无危级（Lc）	怒江分布范围窄，受水利工程等影响，但分布范围广，在德宏有较大种群分布
22	怒江间吸鳅	*Hemimyzon nujiangensis*	√	关注级（C）	怒江特有种，分布范围狭窄，数量多，经济价值不大
23	穴形纹胸鲱	*Glyptothorax cavia*		关注级（C）	分布广，种群数量较多，但生境脆弱，易受环境变化影响
24	亮背纹胸鲱	*Glyptothorax dorsalis*		关注级（C）	分布广，种群数量较多，但生境脆弱，易受环境变化影响
25	扎那纹胸鲱	*Glyptothorax zanaensis*		关注级（C）	分布广，种群数量较多，但生境脆弱，易受环境变化影响
26	德钦纹胸鲱	*Glyptothorax deqinensis*		关注级（C）	分布广，种群数量较多，但生境脆弱，易受环境变化影响
27	三线纹胸鲱	*Glyptothorax trilineatus*		关注级（C）	分布广，种群数量较多，但生境脆弱，易受环境变化影响
28	长鳍褶鲱	*Pseudecheneis longipectoralis*	√	关注级（C）	分布广，种群数量较多，但生境脆弱，易受环境变化影响
29	短鳍鲱	*Pareuchiloglanis feae*		关注级（C）	在分布区江河干流中数量稀少
30	扁头鲱	*Pareuchiloglanis kamengensis*		关注级（C）	怒江重要经济种类，捕捞强度大，种群小型化严重，资源量下降。具有江河洄游习性，受支流水电开发影响较大。分布于对环境变化敏感的生境脆弱区域。无人工养殖
31	贡山鲱	*Pareuchiloglanis gongshanensis*	√	受胁级（T）	怒江特有种，怒江重要经济种类，捕捞强度大，种群小型化严重，资源量下降。具有江河洄游习性，受支流水电开发影响较大。分布于对环境变化敏感的生境脆弱区域。无人工养殖
32	短体拟鲿	*Pseudexostoma yunnanensis brachysoma*	√	受胁级（T）	怒江特有种，怒江重要经济种类，捕捞强度大，种群小型化严重，资源量下降。具有江河洄游习性，受支流水电开发影响较大。分布于对环境变化敏感的生境脆弱区域。无人工养殖
33	藏鲿	*Exostoma labiatum*		关注级（C）	个体小。分布于支流上游，受水利工程影响
34	无斑异齿鲿	*Oreoglanis immaculatus*		受胁级（T）	怒江特有种，在分布区种群数量少，分布狭窄。受水体污染、水利工程影响
35	缺须盆唇鱼	*Placocheilus cryptonemus*	√	受胁级（T）	怒江特有，种群数量较多，但分布狭窄，生境脆弱，卵径大，怀卵量小，繁殖能力不强

第二节　鱼类资源面临的威胁

人类活动对物种的主要威胁包括栖息地破坏、环境污染、过度利用、外来种入侵和疾病流行。大多数物种的濒危是上述一个因素或多个因素协同作用的结果。怒江流域降水丰富，河流湖泊众多，为水生生物提供了良好的繁衍空间和生存条件。受多样的气候及地理条件的影响，流域水生生物具有特有程度高、物种数量大、生态系统类型多样等特点。然而，随着区域经济的发展和人类活动的加剧，怒江流域水生生物资源面临着涉水工程、资源过度利用等因素的威胁。影响怒江水系鱼类资源可持续发展的因素是复杂多样的，可从直接因素和间接因素两方面来分析。

一、直接影响因素

20世纪90年代以来，外来人口不断增加，环境污染加重、水电工程建设、人为过度捕捞、外来物种入侵等，造成了怒江流域土著鱼类大量减少，其中不少种类面临灭绝的危险。

（一）环境污染严重

怒江流域水能资源丰富，但流域内经济发展滞后，处于半自然经济状态。工商业不发达，主要靠农业种植来发展经济。生产方式落后，农民耕作水平低，对作物的生长及化肥、农药的使用缺乏系统认识。多数农民只注重施用化肥而忽视了有机肥料，土壤的物理性状长时间得不到改良，产生板结、吸收性能下降等症状。过剩的肥分随水流失，污染了河流。炎热的气候既使作物快速生长，也使作物病虫害频繁发生。为了抑制病虫害的发生发展，剧毒农药被广泛使用，许多难以自然分解、残留度高的农药通过稻田、水渠等途径污染了水源。农民乱扔空瓶以及在水沟、河边清洗喷药工具等行为，更严重污染了河流。

支流是部分鱼类繁殖的主要场所。几十年前，沿江支流每年都有鱼类成群结队逆流而上到上游产卵繁殖。目前，这一现象基本消失了。产卵繁殖是鱼类得以持续发展的重要环节，人类活动产生的污染物造成部分河段污染，严重影响了鱼类的繁殖场，导致鱼类资源越来越少（何明华，2005）。

此外，虽然怒江流域自然生态环境较好，但陆地生态系统却十分脆弱，自然恢复机能很差，野生动植物资源保护难度大。在怒江中游峡谷段，人口环境容量极低。迫于生存，多年来生活在峡谷深处的人们又不得不以毁林开荒、陡坡垦殖等方式扩大耕地面积，造成了生态环境的破坏。目前，高程1 500 m以下的原始森林已荡然无存，高程1 500～2 000 m的植被也破坏严重，在超过25°的陡坡上开荒比比皆是，有的坡度达70°，滑坡、泥石流、山洪等自然灾害频繁发生（蔡其华，2005）。

（二）水电工程建设对鱼类生态环境造成严重破坏

怒江流域地处横断山脉峡谷，是我国主要的生物多样性地区之一，同时也是我国水利资源最丰富的地区之一。目前，怒江中下游正在进行水电梯级规划，开发方案中包括若干级水电站。这些梯级电站建成后，怒江干流将变成若干个生境类似的水库，生物生境完全改变，而且会导致生态阻滞产生。

首先，日益增多的水利枢纽建设和日趋严重的江湖闸坝的阻隔作用，切断了鱼类繁衍洄游的路线，破坏了鱼类的栖息地和产卵场，直接威胁到特有鱼类种质资源的永续利用。怒江支流入江河汇合处，往往是怒江及其支流鱼类产卵繁殖索饵育肥的场所，由于怒江两岸支流大力开发水电站，许多支流被迫改道或干涸，严重破坏了鱼类生存栖息繁殖的生态环境，使怒江鱼类资源受到严重影响。云纹鳗鲡是怒江最受生态学家关心的鱼类之一，隶属于鳗鲡目鳗鲡科，为降海洄游鱼类，海水中产卵，溯河洄游到淡水中长大，性成熟后洄游到印度洋产卵。云纹鳗鲡的洄游受水温、水流及水化学等外界环境因素的影响。各梯级电站建成后首尾相连，水库下泄水的水温会产生累积效应，进而直接影响云纹鳗鲡的洄游信号。

江河交汇处往往形成浅滩，水流较缓，天然饵料较丰富，多为鱼类产卵繁殖和幼鱼索饵育肥场所。一些小型水电站拦断支流，迫使原河流改道，其下游干涸，令栖息生活于该河流中的鱼类失去了栖息地，还使一些溯河洄游到支流中产卵繁殖的鱼类失去了原来的产卵繁殖场所，支流下游干涸导致原有的江河交汇区消失，又使得江中的幼鱼丧失了部分索饵育肥场所。大坝下段，虽景观上仍然是河流型水体，但从电站大坝流出的水，要受到电站控制调节，水体状况与建坝前的原初自然江河已根本不同。

大坝库区水流变缓，水深增加，库区淤泥逐年增厚将埋没江底砾石、礁石，这些变化将会危及河流型鱼类的生存。影响最大的是濒危鱼类云纹鳗鲡（国家Ⅱ级保护动物），它属降河产卵洄游型鱼类，大坝将阻断其生殖洄游路线，严重阻碍其繁殖活动；其次是营底栖生活又喜急流的鱼类，如贡山鮡、扎那纹胸鮡等，它们将难以适应没有急流和礁石的生活环境；再次是特有属的濒危物种角鱼和缺须盆唇鱼，它们是营底栖生活喜流水的鱼类（徐伟毅等，2008）。

此外，江河截流还将导致鱼类种群结构的变化。原有生存环境的急剧改变，加速了古老孑遗生物的灭绝进程，严重损害了原有的物种多样性。虽然河流、湖泊和水库都是生物地球化学循环过程中物质迁移转化和能量传递的"交换库"，但修建大坝产生的湖泊或水库往往使水体污染物质的滞留时间长，一些物质的输入量大于输出量，其滞留量超出生态系统自我调节能力，容易导致水体污染、富营养化等，出现"生态阻滞"现象（董哲仁，2005）。另外，大坝建成初期，许多原江河急流型的底栖动物将因难以适应江河湖泊型水体环境而消失。大型水利工程的建设将影响这一地区食物链的正常运转和平衡状态，容易在短时间内导致某些物种的消亡，或者某些物种的大量发生，进而导致生态系统的不稳定性（张驰等，2014）。

（三）渔业资源过度开发造成种群数量降低

前些年怒江流域沿岸居民通过使用不正当渔具渔法对鱼类资源进行过度捕捞造成了水生生物资源的过度利用，不仅造成局部江段鱼类"全军覆没"，而且导致种群后备补充的匮乏。此外，繁殖季节对特定生活史阶段鱼类的捕捞也是导致怒江流域鱼类资源过度利用的因素之一。由于近些年捕捞强度不断增大，怒江流域经济鱼类已经趋于小型化，许多大个体种类，如分布于怒江中上游的怒江裂腹鱼、光唇裂腹鱼以及下游的云纹鳗鲡数量不断减少（刘绍平等，2016）。

旅游业的快速发展，旅游人数的大幅增加，加大了对环境和生态系统的压力。根据西藏自治区政府公布的数据，2012 年进藏旅游人数达到 1 100 万人次，未来 5 年将达到 2 000 万人次，从而加大了对本地野生鱼类资源的需求，渔业捕捞量逐年扩大，导致某些鱼类的群体数量显著降低。20 世纪 90 年代的青海湖因过度开发造成了鱼类种群数量急剧下降，经多年封湖禁捕仍没有恢复。因此，对于怒江流域渔业资源来说，一旦种群受到严重破坏，其种群数量的恢复相当困难，对这些鱼类资源的保护利用尤为重要（张驰等，2014）。

（四）外来物种入侵导致本地物种数量减少

外来物种入侵作为一种全球性的生态现象已逐渐成为导致物种多样性丧失、物种灭绝的重要原因。新疆的博斯腾湖和云贵高原的泸沽湖，都曾因为片面追求渔业产品经济利益的提高而人为引进外来物种，从而造成了当地特有经济鱼类的绝迹。同样，西藏地区鱼类物种的外来入侵也是人为的有意引进造成的，藏族有放生的习俗，很多人不懂得外来物种入侵的危害，每年 5 月放生节，家家户户均购买大量的鱼类在河流水系放生，其中大部分鱼类为外地鱼类品种，甚至有人专门将几吨重的外来鱼种运输到上游流域放生，从而造成了外来物种地域上的广泛入侵。

目前，西藏水域外来入侵物种主要有鲫、鲤、草鱼、鲇、乌鳢、麦穗鱼、泥鳅、黄黝鱼、银鲫、甲鱼共 10 种（范丽卿等，2011）。陈锋等在拉萨河鱼类资源调查研究中发现，拉萨河流域外来物种数量最多的是鲫、麦穗鱼、泥鳅、鲤和黄黝鱼，而草鱼、银鲫较少，外来鱼占总渔获量的 42.5%。原本生活在静水河汊中的本地裂腹鱼幼鱼和高原鳅则不见踪影，外来物种的入侵已经影响到了拉萨河土著鱼类的生存环境（陈锋等，2010）。研究人员甚至在海拔 4 500 m 左右的河流中捕捉到野生鲫，外来鱼类物种的入侵程度已经大大超出了我们的预想范围。这些入侵种在缺乏天敌制约的环境下泛滥成灾，严重破坏了当地的生态环境，导致本地物种数量急剧下降，给渔业经济带来巨大的损失（张驰等，2014）。

二、间接影响因素

怒江流域生态受到破坏的根本原因是当地的土地资源极度匮乏，经济发展严重滞后。

中游 76％的面积都是 25°以上的坡地，水土流失严重，土地贫瘠，人口不断增加，但耕种困难，使低水平的生产活动仍然对生态系统造成破坏，进而间接性地造成鱼类生存、栖息和繁衍的水域生态环境受到破坏，导致鱼类资源的衰退。影响怒江流域鱼类资源的间接因素可以概括为以下几点。

（一）生态环境恶化，自然灾害频繁发生

怒江流域山高坡陡、地形地貌恶劣，为发展经济，森林资源被大量砍伐，导致森林涵养水源的功能急剧下降，生物多样性也遭到严重破坏；同时因人口增长，为求得自身的生存与发展，以毁林开荒、陡坡垦殖等落后方式扩大耕地面积，使当地森林生态系统遭到破坏。怒江流域是我国自然灾害多发区，自然灾害种类多且较频繁，主要有低温冷害、干旱、洪涝、冰雹、连阴雨、泥石流、滑坡、地震、森林火灾等，这些自然灾害严重威胁着人民正常的生产、生活秩序和生命财产安全。其中破坏最大、威胁最广、频率最高的是洪涝、泥石流两大类（李志雄，2004）。

（二）经济发展明显滞后，产业发展任务十分艰巨

怒江流域地处偏远，对外交通不便，信息不畅，科技、教育、文化发展落后，制约了经济发展。流域内工业发展缓慢，产业体系尚处于低层次的起步阶段，产业结构十分单一，经济发展明显滞后，增长速度一直低于全国平均水平，经济社会运行主要靠国家财政补助。

（三）基础设施薄弱，交通闭塞

由于地形条件的限制，怒江流域仍有一部分村未通公路，农村道路（人马驿道）所占比重较大，交通运输极为不便，交通成为制约当地社会经济发展的主要因素。公路不仅里程少，而且等级低，路况差，抗灾能力弱，晴通雨阻，常因雪封、滑坡、泥石流等造成交通中断（李志雄，2004）。

耕地资源严重不足，矿产资源的开发又会加剧生态环境恶化，旅游资源受基础设施的制约难以发展（蔡其华，2005）。

（四）科技教育水平滞后

由于历史和地理等方面的原因，流域内传统的教育观念和思想一时还难以改变，至今仍保留着刀耕火种的原始痕迹，教育、科技、文化事业落后，群众生活闭塞，很难接受到现代先进的文化思想（蔡其华，2005）。农村仍有较多文盲和半文盲，有的边远高寒山区还无校点，劳动者素质普遍偏低，科研基础落后，科技人员整体素质偏低，科技教育不能适应经济发展的需要，科技对经济增长的贡献率偏低，劳动者素质与经济发展要求差距较大（李志雄，2004）。

第三节　怒江西藏段流域内保护区概况

西藏境内的怒江流域内共有自然保护区 10 个，其中国家级保护区 1 个，省级保护区 1 个，县级保护区 8 个。1 个国家级保护区为察隅慈巴沟国家级自然保护区。1 个省级保护区为然乌湖湿地省级自然保护区（表 8‑2）。

表 8‑2　怒江西藏段流域内自然保护区状况

序号	保护区名称	行政区域	面积（hm²）	主要保护对象	类型	级别	始建时间	主管部门
1	果拉山县级野生动物自然保护区	八宿县	80	马麝、猞猁、盘羊等野生动物	野生动物	县级	1992 年 1 月 1 日	西藏自治区林业和草原局
2	觉村县级野生动物自然保护区	八宿县	72	麝、盘羊等野生动物	野生动物	县级	1989 年 6 月 1 日	西藏自治区林业和草原局
3	觉龙县级野生动物自然保护区	八宿县	58.7	藏原羚及其生境	野生动物	县级	2001 年 3 月 1 日	西藏自治区林业和草原局
4	然乌湖湿地省级自然保护区	八宿县	6 978	湿地生态系统	内陆湿地	省级	1996 年 1 月 1 日	西藏自治区林业和草原局
5	八冻措湖县级野生动物自然保护区	洛隆县	8.23	野生动物及其生境	野生动物	县级	2002 年 5 月 1 日	西藏自治区林业和草原局
6	拉措湖县级野生动物自然保护区	洛隆县	7.2	野生动物及其生境	野生动物	县级	2002 年 5 月 1 日	西藏自治区林业和草原局
7	都瓦县级野生动物自然保护区	边坝县	25	野生动物及其生境	野生动物	县级	2003 年 2 月 1 日	西藏自治区林业和草原局
8	金岭县级野生植物自然保护区	边坝县	2	沙棘林	野生植物	县级	2000 年 5 月 1 日	西藏自治区林业和草原局
9	玉湖沟县级野生动物自然保护区	边坝县	30	野生动物及其生境	野生动物	县级	1994 年 5 月 1 日	西藏自治区林业和草原局
10	察隅慈巴沟国家级自然保护区	察隅县	101 400	山地亚热带森林生态系统及扭角羚、羚牛等	森林生态	国家级	1985 年 9 月 23 日	西藏自治区林业和草原局

一、察隅慈巴沟国家级自然保护区

（一）保护区自然概况

察隅慈巴沟国家级自然保护区位于西藏自治区察隅县中部察隅河流域，察隅河上游有东西支流，分别源自两个山脉。西支为贡日嘎布曲（也称阿扎曲），发源于贡日嘎布拉山附近；东支为桑曲，发源于伯舒拉岭。保护区位于察隅河东西两支之间，桑曲北岸，地处北纬 28°34′—29°07′、东经 96°52′—97°10′。属于森林生态系统类型自然保护区。保护区始建于 1985 年，2002 年晋升为国家级自然保护区。总面积为 101 400 hm²。主要保护对象：扭角羚、羚牛及栖息地生态系统。西藏察隅慈巴沟国家级自然保护区内山地地貌垂直分异明显，高山地带多发育有发达的海洋性冰川，山脊部位有冰川侵蚀形成的角峰、刀脊、冰斗等冰蚀地貌。

保护区东面是南北走向的横断山脉，层层山岳阻挡了东来的太平洋季风；北面是东西走向的念青唐古拉山，阻挡了南下的西伯利亚干冷气流；南面印度洋上孟加拉湾暖流所形成的高温高湿气流可以进入本地，因不能逾越东面和北面的高山大岭而在本地回旋，因此，形成这里温暖、多雨的自然气候。保护区内全年降水量达 1 000 mm 以上，在海拔 1 000～2 500 m 地带，年平均气温 10～20℃，年平均湿度为 60%～70%，无霜期在 300 d 以上。

（二）保护区自然资源

保护区的植被以亚热带、温带和寒带森林，以及灌丛和草甸等陆生植被为主，在河谷积水洼地处有少量的浮水植物植被。保护区属温带植物区系，起源古老，特有性、过渡性明显。有野生高等植物 195 科 669 属 1 643 种（包括种下等级）。其中，苔藓植物 61 科、133 属、208 种（苔类植物有 23 科、34 属、58 种，藓类植物有 38 科、99 属、150 种）；维管束植物 134 科、536 属、1 435 种（蕨类植物 22 科、55 属、149 种，裸子植物 4 科、9 属、19 种，被子植物 108 科、472 属、1 267 种）。

保护区的动物资源也非常丰富，有昆虫 21 目 144 科 439 属 571 种；鱼类 2 目 3 科 8 属 9 种；两栖爬行动物 2 目 9 科 15 属 18 种；鸟类 14 目 36 科 190 种（另 1 亚种）；哺乳动物 7 目 18 科 50 属 72 种。保护区的鱼类主要由鳅科、鲤科及鲱科三大类群组成，得益于察隅河和娄巴曲的连通性，该保护区的鱼类与西藏高原鱼类区系组成基本相似，并呈现出较为典型的青藏高原边缘鱼类区系的特点（尹志坚等，2017）。

（三）保护区现状

由于保护区占地面积大，交通不方便，人员少，工作和生活条件十分艰苦，保护和管理经费严重不足，无法实现保护区的科学规划与管理（李建立等，2005）。

保护区建立的目的并非是单纯地加以保护，而是实现有效保护前提下的合理开发利用。但由于缺少法律知识和科学的管理经验，保护区内存在一些人类活动干扰，对保护区生态环境造成了不利影响。保护区自然资源和生态环境的有效保护需要采取一系列措施：首先，要完善相关的法律法规，严格依法办事，尽量减少对生态环境的损害；其次，政府部门要加大保护区投入力度，完善管理制度；然后，需要积极采用各种手段调动当地农民参与各项生态经营活动；此外，保护区还可聘用具有相应专业知识和专业技术的高级工作人员，使保护区的发展具有更强大的人才保障（琼达，2007）。

二、然乌湖湿地自然保护区

（一）保护区自然概况

然乌湖湿地自然保护区位于西藏自治区昌都市八宿县然乌镇，地处东经 96°34′—96°51′、北纬 29°17′—29°31′。东起然乌湖湿地东侧边缘，南以然乌湖南侧山脚为界，西抵然乌湖出水口，北以 318 国道为界，是帕隆藏布的主要源头。保护区总面积 6 978 hm²，其中：湖泊、沼泽、河流地面积 3 452 hm²，冰川面积 1 472 hm²，灌丛草地面积 1 082 hm²，森林面积 972 hm²。然乌湖是山体崩塌形成的堰塞湖，湖面海拔 3 850 m，湖水面积约 2 200 hm²，是西藏东部最著名的淡水湖。属高原寒温带气候类型，日照充足，旱季、雨季分明，年平均气温 2℃，平均降水量 500 mm，年平均蒸发量 1 800 mm，年日照时数 2 200 h（罗怀斌，2013）。

然乌湖地处念青唐古拉山脉东段与横断山脉舒伯拉岭结合处，高山断裂河谷与湖泊相间，岭谷相差较大，形成集雪山、湖泊、沼泽、草地和森林为一体的自然景观，生物资源十分丰富。保护区南接察隅，西靠波密，山高谷深，受印度洋暖湿气流的影响，气候既有青藏高原的特色，又有自己的独特之处，垂直差异明显，生态变化复杂，生态系统类型多样，包含了高原冰雪生态系统、灌丛草地生态系统、湿地生态系统和森林生态系统等，具有青藏高原最丰富、最完整的生态系统类型。

（二）人类活动对保护区生物多样性的影响

近年来，随着然乌湖周边人口密度、人类活动的增加，对资源的需求量增多。人们采用了围湖垦殖、过度放牧等改变天然湿地用途、不合理利用湿地资源的生产方式，导致湿地资源受到破坏，湿地功能、生态环境质量和生物资源总量下降。盲目、不合理的开发利用使湖泊面积不断缩小，破坏了湿地的植被生长环境，使很多湿地植物不能按规律完成其萌芽、生长、开花、结实、死亡和繁衍的生活史，造成湿地植物多样性丧失，破坏了湿地生态系统的良性循环，其具有的生态功能也随之丧失。同时，珍稀鸟类和水生动物的栖息环境和食物来源遭到破坏，生存和繁殖受到威胁，水生动物和鸟类的种类正逐渐减少。

此外，由于当地建材和能源资源紧缺，当地居民以及途经此地的朝圣者采伐林木、采挖灌木作为建筑材料和燃料，湿地周边植被不断受到破坏，造成严重的水土流失。然乌湖湿地自然保护区属高寒湿地生态系统，生态环境特殊，生态系统生物生产量较低，特殊的自然环境条件决定了其生态系统的脆弱性，生物资源若被过度利用，可能会破坏生态系统的平衡并难以恢复，进而引起大面积湿地、草甸退化或大面积土地沙化的后果，对整个区域乃至周边的生态安全构成威胁。同时，然乌湖是川、滇进藏的交通要道，经然乌湖进藏的旅客人数逐年增加，对野生鱼类的需求不断增大，目前湿地的鱼类资源已处于过度开发状态。据调查，近年来湿地的渔获量下降，渔获物群体向低龄化和个体小型化方向发展。

在高原湖泊生长的鱼类，生长发育缓慢，一旦过度捕食，不仅会威胁到天然鱼类资源，也严重影响湿地的生态平衡，威胁其他水生物种的安全，最终导致湿地生物群落结构的改变以及生物多样性的降低。随着旅游业的发展和城镇化进程的加快，大量的生活垃圾、污水和固体废弃物进入然乌湖，使然乌湖湿地水污染逐渐加重。

然乌湖湿地自然保护区目前已开展基础设施建设，但其资源保护与恢复还需要开展大量工作：首先，要增加和恢复湿地植被、扩大湿地面积，在人、牲畜干扰较大或退化湿地区域适度设置封育护栏设施，对保护区内干涸的沼泽湿地，通过建设蓄水堰、水道疏浚等方法进行修复；其次，严禁过度捕捞和非法狩猎活动，保护鱼类产卵、索饵、越冬场所和洄游通道，保护水域的生物多样性；此外，还要开展保护区内的野生动植物监测和保护，对保护区自然和人文景观资源进行全面调查和评价，科学规划、合理利用，提高周边居民的生态环保意识，发展生态旅游，使生态环境保护与公众教育同促进地方经济社会发展相结合，探索湿地资源的可持续利用与当地经济可持续发展的有效途径，最大限度发挥湿地的经济、社会和生态价值。

第四节　渔业资源保护对策

怒江流域是我国三大生物物种聚集中心之一，位居我国 17 个生物多样性保护地区之首。该地区的高等植物和野生脊椎动物分别占我国的 20％、25％以上，拥有 77 种国家级保护动物和 34 种国家级保护植物。怒江的鱼类中 23 种为特有，其中有 3 种为珍稀种，已被列入《中国濒危动物红皮书》。怒江流域有目前全国保存最完好的野生稻种群，这些野生稻是中国极其重要而珍贵的基因库，是我国杂交水稻进一步研究与开发的重要基础。这些珍贵资源的原始性、自然性和唯一性使其成为我国生物多样性和天然基因宝库，具有重要的科学价值、经济价值、环境价值和美学价值，保护该区域的生物多样性和遗传基因具有极其重要的意义。另外，由于其险峻的地形地貌和干热河谷气候，并地处强烈地震活动带，生态环境十分脆弱，有些野生物种数量少，分布区域狭小，遇有自然灾害或人为破坏，很容易陷入濒危境地，导致这些濒危物种灭绝。因此，为保护我国的物种资源，迫切需要加强对流域生态环境的保护（蔡其华，2005）。

根据怒江流域鱼类资源目前所面临的威胁，以及鱼类资源的保护与管理现状，可采取相应的保护措施以严格保护怒江流域的鱼类资源，维护鱼类资源的可持续发展。

一、建立鱼类自然保护区和划定禁渔区

建立自然保护区是保护鱼类资源的有效措施之一。为维护怒江上游鱼类种群多样性和怒江上游自然生态环境，补救因水电工程建设等人为因素对怒江自然生态系统造成的影响，有必要在怒江流域建立鱼类资源自然保护区。目前，我国各级政府都有批准建立自然

保护区，例如长江上游珍稀特有鱼类国家级自然保护区、广东肇庆西江珍稀鱼类省级自然保护区、吉林鸭绿江上游（冷水性鱼类）国家级自然保护区、湖北宜昌中华鲟省级自然保护区、上海长江口中华鲟湿地自然保护区等。玉曲河分布有怒江裂腹鱼、裸腹叶须鱼、热裸裂尻鱼及高原鳅等多种鱼类，可以在玉曲河建立鱼类资源自然保护区。保护区及禁渔区划定或建立后，要制定相应的渔业法律、法规并进行宣传。特别是在旅游季节，人口数量激增，对鱼类的需求量也会增大，将会加大非法捕捞的强度，因此应加强对当地居民的教育宣传，严格执行渔业法律法规（蔡其华，2005）。

此外，建立湿地生态自然保护区、风景游览名胜区、休闲公园，对部分珍稀濒危鱼种实行迁地保护，建立珍稀特有水产的专项或综合保护区，建立珍稀特有鱼类资源的环境监测体系等，也能对怒江流域的生态系统多样性起到重要保护作用。目前西藏自治区设立的水生生物保护区极少，相对于西藏的渔业资源来说是远远不够的。需要通过建设多个自然保护区，整体系统地保护西藏土著鱼类的种质资源，保护本地的物种多样性，维护自然界的生态平衡（张驰等，2014）。

鱼类及其栖息的自然环境是构成自然水体生态系统的一部分。无论是生物中的鱼类或是自然景观中的河流，都是整个生态系统中的重要环节。目前怒江流域的水电梯级开发方案备受争议，各级决策者应以系统的观点来对待鱼类及其栖息的水域，总体规划怒江水系，划定保护区域（何明华，2005）。

二、增强渔业资源环保意识，加强渔政管理，科学管理渔业生产

加强渔政管理是保护鱼类资源及水体中其他水生生物的重要手段。虽然怒江上游属于藏区，藏民多不捕鱼，但进入西藏的外来务工人员在工作之余，通过捕鱼向餐馆出售，赚取额外收入者甚多（王龙涛，2015）。怒江鱼类存在生长慢、产量低的特点，尤其需要注意保护、加强管理、有计划捕捞、开源节流，依据鱼类的生长特征、活动规律、繁殖期和产卵场所等，制定禁渔期、禁渔区，控制捕捞对象的规格，将渔业生产进行科学管理，形成保护—增殖—利用的良性循环。沿江渔民普遍采用旧生活方式，对鱼类资源进行钓钩、网具作业，因此，进行渔政管理十分必要，允许渔民在规定时间和地点钓钩、网具作业，严禁炸鱼、电鱼、毒鱼，逐步取缔堵截河流和大小鱼一网打尽的不合理渔法（何明华，2005）。

综上，渔政管理主要包括建立良好的渔业捕捞制度、规定捕捞标准及渔获量、限制渔具渔法、加强水生态环境保护、制定禁渔期和划定禁渔区等，维护良好的渔业环境，保证鱼类种群的延续（谭婕，2012）。为保障渔政管理工作顺利进行，还应加快立法，完善法制体系；健全渔政执法机制，加强执法队伍建设；加强对渔政执法监督，增加渔政工作透明度。

此外，还应加大渔业环保宣传力度。根据本区藏族同胞热爱放生的民族习俗，制定合理法规，正确引导民间放生，保证增殖放流效果，杜绝外来入侵物种的人为引入（张驰等，2014）。

三、因地制宜地发展水产养殖业

为摆脱靠江吃鱼的局面，应鼓励农民发展水产养殖业。充分利用全区的各种水面，引进外来优良品种，向精养高产的方向发展。大力提倡稻田养鱼，解决农民自身的吃鱼问题。这也是抑制渔民对自然水域资源掠夺式开发的一项重要措施（何明华，2005）。

目前西藏自治区已经建立了亚东鲑繁殖基地、林芝市水产良种繁育场，这为进一步发展西藏的水产养殖业奠定了基础。通过开展人工驯化工作，发展当地水产养殖，不仅可以增加渔民的经济收入，也减轻了对自然资源的需求压力。因地制宜发展生态渔业，建立涵盖区域大农业各成分的循环经济体系，以促使渔业生产与生态环境和谐可持续发展。同时，加大人工增殖放流力度，定期增殖放流，修复濒危种群的生态系统，实现人与自然和谐相处（张驰等，2014）。

四、规范种植业、降低河流污染

沿江的种植业、生产方式落后，土地产出能力低下，化肥、农药污染严重，要改变这一现状，仅靠宣传、教育是不够的，各乡镇应加快农业技术推广，改变传统落后的生产方式，大力发展生态农业，逐步取缔剧毒农药在流域内的销售与使用，以降低河流污染，为鱼类生息繁衍创造一个安全的环境（何明华，2005）。

五、加快建立渔业种质资源数据库

我国已建立了一批遗传资源保存设施，在上海、昆明、北京等地建立了野生鱼类细胞库，以及淡水鱼类种质资源综合库、鱼类冷冻精液库，为鱼类的遗传多样性保护奠定了基础。由于历史原因，西藏的水产科研起步较晚，缺少专业的技术人员，因此需要加强与内陆科研院所的合作交流，完善自己的科研队伍和实验基地，为下一步西藏渔业种质资源数据库的建立做好准备（张驰等，2014）。

六、河流生态修复

鱼类栖息地生境保护不仅是水利水电工程建设中鱼类保护的最有效手段，也是优先考虑的保护手段。怒江上游江段绝大多数鱼类以产黏性卵、沉性卵为主，这些鱼类繁殖产卵时需要特定的产卵环境、水流刺激及进行短距离的生殖洄游等条件（王龙涛，2015）。而水利工程的建设和运行会对相应河段的地形、地貌、河流底质等条件产生一定的影响。因此，应该对相应河段进行生态修复，以修复该河段受损的鱼类栖息生境。河流生态修复技术主要有：河流纵向生境多样性修复技术、河流横向断面多样性修复技术、浅滩—深潭结构营造技术、人工湿地修复技术等（芮建良等，2013）。

七、增殖放流

鱼类增殖放流是改善水域生态环境、恢复渔业资源、保护生物多样性及促进可持续发展的重要途径，进行人工增殖放流在一定程度上可以缓解水利水电工程建设等人类活动干扰对鱼类资源造成的不利影响。应选择种苗培育技术成熟、能够进行规模化培育、培育成本低、生长快、经济价值高的种类。根据实地调查及查阅相关文献，怒江流域鱼类的人工驯养、繁殖研究开展较少，而金沙江流域鱼类的人工驯养、繁殖的研究与实践已有初步成效，齐口裂腹鱼（董艳珍和邓思红，2011）、细鳞裂腹鱼（陈礼强等，2007）、昆明裂腹鱼（胡思玉等，2012）、短须裂腹鱼（李光华等，2014）和云南裂腹鱼（冷云等，2006）等已繁殖成功，有的已经可以规模化生产。因此，对怒江上游河段保护对象中的怒江裂腹鱼、裸腹叶须鱼的驯养和繁殖有借鉴意义。放流的苗种必须是由野生亲本人工繁殖的子一代，且必须无伤残和疾病、体格健壮。最适宜的放流水域应该是增殖鱼类自然产卵场分布的相关水域，因为产卵场的水温、溶解氧、盐度、天敌和饵料生物等环境条件对放流苗种的存活率影响很大（陈新军，2004），具体增殖放流地点可根据不同鱼苗种类进行选择。对增殖放流进行效果评估是增殖放流工作中最重要的一环。通过对放流效果的评价，可以改进放流策略，避免无效果增殖放流现象的发生，提高增殖放流工作的效率。

第九章
怒江西藏段水生态监测体系

第一节　水生态监测研究概述

近年来，人类活动的影响造成了生物多样性的丧失，特别是水生态系统中鱼类物种的濒危与灭绝，物种多样性下降，鱼类小型化，生态系统结构、功能发生变化，遗传多样性减少等（陈宜瑜，1990；Sarkar et al.，2012）。为了保护生物多样性，遏制其下降的趋势，许多国际组织和各国政府采取了诸多措施，特别是建立监测网络，监测水生生物多项指标，评估水生态系统健康状况。当前，地球观测组织（Global Earth Observation，GEO）联合 IUCN、BIOIVERSITAS 等多个国际组织形成的生物多样性观测网络（Biodiversity Observation Network，BON）受到广泛关注。该组织致力于建立一个全球性的科学框架，从事长时间的连续观测，对生物多样性的变化进行预测和相关分析。在BON 的框架建议被提出以后，得到了世界各国政府和非政府组织的响应，并提出了多个地区性的观测网络，这些观测网络期望通过整体的合作，切实了解和保护生物多样性。我国于 2014 年在中国科学院创新项目的支持下也成立了中国生物多样性监测与研究网络（Biodiversity Observation Network of China，Sino BON）（马克平，2015），以期对中国的生物多样性进行全面的监测和研究。

鱼类是生物多样性的一个重要组分。据鱼类数据库（www.fishbase.org）统计，全世界鱼类物种数已达 3 万多种（Froese & Pauly，2016），它们在全球生态系统中起着极其重要的作用。中国生物多样性监测与研究网络中也包含对鱼类的监测（刘焕章等，2016）。

水生态监测是进行水生态系统规划与保护的基础关键环节，是水生态保护与修复工作的重要基础，开展水生态监测，建立生态监测服务体系，对保护生物多样性、遏制水生态环境恶化的趋势，以及生态建设和深层次水资源管理都具有十分重要的意义。

水生态监测是通过对水环境因子的观察和数据收集，并进行分析研究，以了解水生态环境的现状和变化，是水生态保护与修复工作的重要基础。水生态监测的目标是了解、分析、评价水生态等的生态状况和功能，监测内容包括水文形态、生物、物理与化学质量要素，涵盖水质监测和生态监测两个方面。

目前世界上已有很多国家将水生态环境监测作为环境管理的目标，而且国内外有大量研究者针对河流生态健康状况评估开展了研究工作，关于河流健康状况的评估方法和监测体系也取得了一定的进展。为了了解某地区生物多样性的总体状况，生物监测常常比较关注群落层次物种多样性的监测。传统的群落物种多样性衡量方法是计算各种生物多样性指数，如香农-威纳指数（Shannon-Wiener index）、辛普森指数（Simpson index）等。但是单纯计算笼统的生物多样性指数虽然能反映物种的总体状况，却往往比较容易忽略群落中物种的生态类型和生态功能的变化（Karr，1981）。因此，Karr（1981）提出了生物完整性指数（index of Biotic Integrity，IBI）的指标体系。该指标体系强调不同物种的生态功能，其内容包括总的物种数目、不同生态类型鱼类物种数，以及受影响的物种的数量等。因此，IBI 指数可以综合反映群落结构和功能的变化。目前，许多地区和单位在进行河流监测时，均以 IBI 指数作为基本的指标，使得该指标体系成为当前使用最广泛的指标体系。

一、国外水生态监测研究概况

早在 20 世纪 70 年代初期，由于工业革命的兴起，水污染问题成为区域性问题，然后迅速席卷了欧洲大陆，现已遍布世界各处。随着污染的日益加剧和污染事故的频繁发生，1948 年美国政府出台了《水污染控制法》，日本则于 20 世纪 50 年代开始了对水质的监测。

20 世纪 50 年代初，国外的水质监测工作还处于一个不发达的阶段。当时的监测工作仅限于河流的几个断面，监测时间为每月数次，监测方法以人工操作为主。监测项目主要是一些常规项目和综合指标。这一阶段的水质监测与当时各国的水环境保护政策、当时所具备的技术、人们的认识、经济条件紧密相关。美国 20 世纪 70 年代设立了国家环保局，英国、日本等国家紧随其后，英国在 1970 年成立环保部，日本在 1971 年成立环境厅，随之联邦德国也成立了环保局。特别是 1972 年斯德哥尔摩全球环境大会后，水质监测工作在全球迅速开展起来。

欧洲国家开展水生态环境监测和健康评价等相关研究已有超过 30 年的历史，并于 2000 年颁布了《欧盟水框架指令》（WFD），为欧盟各国开展水生态与生物监测提供了操作标准和技术规范。20 世纪 70—80 年代，欧洲和北美开始了监测河流生态状况的研究活动。1977 年英国有学者开展利用大型底栖动物监测河流生物质量和利用理化指标预测生物种群的研究，在积累大量数据和经验的基础上，创建了 RIVPACS 预测模型评价方法（Wright et al.，2000）。1994—1997 年英国和爱尔兰开展了河流生境状况的调查研究，南非于 1994 年实施了"河流健康计划"，开展了河流健康监测的相关技术研究（吴阿娜，2008），这些研究积累了大量的经验和生物、生境、水文的数据，并开发形成一些技术方法。美国 Karr 于 1981 年研究提出了基于河流鱼类完整性指数（F-IBI）的评价方法，并相继发展出底栖生物完整性指数（BIBI）（Ligeiro et al.，2013）、藻类完整性指数（D-IBI）（Lane et al.，2007）。基于 IBI 方法的发展，美国环保局在 1999 年推出 RBPs 评价方法，IBI 作为河流生态状况监测的基础得到广泛应用。

WFD 中提出了以流域综合管理为核心，以维持生态系统良好状态、实现水资源可持续利用为目标的多要素综合评价方法，并以生态监测结果作为水资源管理策略是否有效的评价标准（Kim et al.，2013），为水资源和水生态的修复和管理提供了有力的支持，推动了水生态质量评价向综合评价体系的转变（刘琰等，2013），在流域尺度的评价和水生态系统中受干扰因素的确定等方面为我国河流生态健康状况监测和评价提供了很重要的参考。

美国 RBPs（Barbour et al.，1999）河流生物快速评价方案是基于生物完整性指数 IBI 来进行监测和评价的，IBI 指标体系包含着生藻类、底栖动物和鱼类 3 个生物类群。RBPs 整个调查内容包括 11 项生境指标、45 项候选生物指标及多项化学指标。IBI 可弥补单指标生物评价通常具有的高可变性的缺点，具有比较高的稳定性（James et al.，2006），同时，采用多类群组合，IBI 可以提供不同环境胁迫因素综合影响的结果。随着 IBI 研究的深入，在适用性研究方面，开展了 IBI 在可涉河流、不可涉河流及不同尺度范围的适用性研究。针对不可涉大型河流的评价，Weigel 等（2011）在美国威斯康星州的研究证明了 M-IBI（大型无脊椎动物完整性指数）评价方法在不可涉大型河流生态质量监测评价中的有效性和适用性。研究为 IBI 方法在大型河流监测计划中的应用提供了非常重要的参考，同时也为 IBI 在大型河流的环境管理和成效评估提供了重要的方法（王业耀等，2014）。

二、国内水生态监测研究进展

与国外的研究相比，我国在水生态监测方面的研究起步较晚，真正有意识地开展环境保护工作是从 1973 年第一次全国环境保护大会开始，自 20 世纪 90 年代才开始逐步重视水生态环境的保护和修复，此后，相继开展了不同河流健康状况评价指标体系和评价方法的研究工作（陈水松等，2013）。水环境监测是水资源管理与保护的基础。由于我国水资源紧缺，水污染严重，所以水环境监测提供的信息显得尤为重要。

目前，我国在环境监测方面的法律法规越来越完善，环境监测技术也越来越高。全国已形成了国家、省、市、县 4 级的环境监测网络。2005 年国控环境监测网络包括：环境空气监测网站 226 个，监测点数 793 个；酸雨监测网站 239 个，监测点数 472 个；水质监测网站 197 个，监测断面 1 074 个；生态监测网站 15 个。

我国已基本形成了以大江、大河、湖泊为监测对象的监测网，常规监测发展已经较为成熟，建立了比较完善且符合我国国情的布点、采样、运输、分析等方面的技术规范。在重要的河流湖库，已经建立了水质自动监测站。我国的地表水监测网络由 260 个重点监测站构成，监测 250 条河流、18 个湖泊和 10 个水库，监测断面为 759 个；全国省控以上监测网络共监测 1 868 条河流、182 个湖泊和 440 个水库，共设监测断面 9 000 多个；已建成 82 个水质自动监测站。水利系统已建成由部直属、流域、省及市水环境监测中心、分中心共计 251 个监测机构组成的四级水质监测体系；现有水质监测站点 3 240 处，基本覆盖了全国主要江河湖库；已有 51 家水环境监测中心的实验室通过了国家级计量认证（关佳佳，2013）。但上述监测指标体系主要是以《地表水环境质量标准》（GB 3838—2002）中的重金属指标和综合性指标为主，在水生态、水环境监测中全面开展生物监测方面的研究相对较少。

近年来，水生态监测在我国逐步受到重视。据报道，国内一些水生态环境监测的部门和科研院所正逐步开展水生态监测的研究工作。为了促进水生态监测工作，中国水利学会在沈阳召开了"2008 水生态监测与分析学术论坛"。水利部水文局还连续召开了 2 次会议，启动了太湖、巢湖、白洋淀、滇池、南四湖、洪泽湖、星云湖、抚仙湖、武汉东湖、潘家口水库、密云水库、三峡水库、小浪底水库、丹江口水库、大伙房水库和于桥水库等藻类监测试点工作。但是，至今我国还没有形成较为成熟的水生态监测相关的技术规范或标准，水生态监测指标的应用还没有得到普及，尚处于调查研究阶段。即使是藻类的监测也没有建立常规性的动态监测体系。我国的水生态学研究正处于起步阶段，水生态监测内容、监测项目、监测方法等尚属探讨阶段，无规范可依。

目前，我国河流生态健康监测的研究集中在对评价方法在具体研究区域的实践应用的探索。由于对河流健康的保护目的不同，选择的评价指标和方法也存在差异（陈水松等，2013）。在国内，研究者们对漓江、辽河流域、嘉陵江、珠江流域、长江（张杰等，2011；张远等，2013；任丽萍，2012；郑丙辉等，2007；张楠等，2009；叶属峰等，2007）等多条河流开展了现场生物群落调查，涉及生物完整性指数（IBI）、RIVPACS 预测模型、生境质量指数（HQI）、对指标综合评价等多种评价方法的应用，探讨了不同的方法对我国河流生态健康监测的适用性。虽然目前这些方法只在特定的研究区得到应用和验证，但是仍然对相似类型河流的评价和河流的管理有重要的指导意义。除了 IBI 方法的应用，国内很多学者探索了多指标综合评价方法在我国的适用性，研究涉及不同类型的河流和不同尺度的评价，采用的指标综合的方法也不尽相同（张远等，2103；任丽萍，2012；张楠等，2009；叶属峰等，2007），虽然多指标综合评价方法的准确性和适用范围等问题，在目前的研究中还没有得到解决，但其仍是国内外河流生态系统健康监测与评价的发展趋势（王业耀等，2014）。

我国河流生态监测与健康评价体系是基于水生态系统完整性的角度，重点关注河流中水生生物生存状况、生境特征和水体理化特征。2009 年水利部和环境保护部共同实施的中澳合作研究项目——中国河流健康与环境流量项目（2009—2012）（Speed et al.，2012），开展了对珠江（桂江流域）、黄河（小浪底下游区域）与辽河（太子河流域）3 个流域的河流健康评估研究，该项目通过开展河流监测、环境流量需求评价以及政策制定来改善国家对河流状况的管理方法，在流域尺度开展了评价研究，探索了适用于中国的河流健康指标，分析了该方法在我国的适用性，探讨了我国开展河流生态健康监测的难点和重点（Speed et al.，2012；Bond et al.，2012）。

三、水生态监测的基本原理

水生态监测技术是水环境监测工作的深入与发展。生态系统的复杂性，使得对水生态系统的组成、结构、功能进行全方位的监测分析变成一项十分困难的工作。对生态学理论与实践研究的不断发展与深入，尤其是景观生态学的发展，为生态监测指标的确立、生态质量评价和生态系统的管理与调控提供了基础框架。景观生态学中的等级层次理论、空间异质性原理也成为生态监测的基本指导思想。以研究生态系统的发展、演替、结构与功能、组成要素，以及人为影响因素与调控机制的生态系统生态学理论也为生态监测提供了理论支撑。生态系统生态学的研究领域主要包含了自然生态系统的保护和利用、生态系统的调控机制、生态系统恢复模型及修复技术、生态系统可持续发展问题以及全球生态问题等。这些理论研究从宏观上揭示了生物与其周围环境之间的关系和作用规律，为生态监测技术奠定了基础，还为有效保护和合理利用自然资源提供了宝贵的科学依据。

四、水生态监测的作用和地位

目前，我国在水质监测方面的法律法规越来越完善，环境监测技术也越来越高。已基本形成了以大江、大河、湖泊为监测对象的监测网，常规监测发展已经较为成熟，建立了比较完善且符合我国国情的布点、采样、运输、分析等方面的技术规范。但上述监测站网的指标体系主要是以《地表水环境质量标准》（GB 3838—2002）中的重金属指标和综合性指标为主，在水生态、水环境监测中全面开展生物监测方面的研究相对较少。

为了及时而准确地了解水生态环境的质量状况和变化原因，避免生态环境进一步恶化和调控生态环境保护措施，为正确认识、保护和管理生态环境提供依据，需要开展更多水生态环境监测方面的研究。水生态监测是生态保护与修复工作的基础，开展水生态监测，建立水生态监测指标体系，遏制水污染恶化的趋势，对生态建设和深层次水资源管理具有十分重要的意义。因此，开展水生态监测对可持续发展具有非常重要的作用。

第二节 怒江西藏段水生态监测体系构建

怒江是世界上海拔最高的河流之一，也是我国西南地区一条重要的国际河流，其流域面积大，水生生物资源丰富，对其水生生物资源进行监测与评估具有重要意义。关于怒江流域水生态监测的报道极少，根据笔者 2017—2019 年调查的结果，怒江西藏段水生态监测工作可从以下几个方面展开。

一、监测站点

怒江流域上游西藏段海拔高、落差大、生境复杂，使得其监测工作的开展存在一定的难度。由于上游地区特殊的自然、地理、地质和气候背景，怒江西藏段地区生态敏感区和脆弱区相对集中，因此上游水生态监测可重点在自然生态方面。

基于西藏历史资料和近来已有调查资料，根据生境尺度的形态特征、支流汇入情况、交通便利性、人类干扰程度、宗教信仰与生活习俗等因素设置站点，选择典型河段断面、典型河段样区，同时兼顾空间距离的合理性，进行野外调查和观测。利用流域卫星影像为底图，对调查区域进行野外判读定位。重点针对环境目标敏感地，开展西藏重要水域全面调查，原则上根据河流长度每 100 km 设置一个样点，可根据特殊生境、重要敏感区、支流汇入等实际情况进行调整。

怒江西藏段干流（6 个江段）：设色尼区、比如县、边坝县、洛隆县马利镇、八宿县怒江大桥、察瓦龙乡等调查江段，每个江段调查范围设为 5 km（图 9-1）。

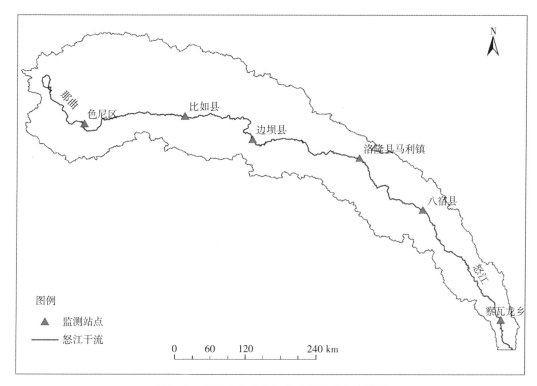

图 9-1 怒江西藏段水生态监测站点分布情况

二、监测内容

水生态监测内容设计，应考虑通过河流系统作为纽带，把人类社会与自然生态系统的共同利益交织在一起，关注的对象不仅是具有水文特性和水力学特性的河流，还包括具备生命特性的河流生态系统，从河流生态系统的结构完整性入手，着重考察河流生态系统的各个组成成分，从生态系统综合管理、生态—社会—经济复合生态系统健康与可持续性需求出发，来设计和确定监测内容（朱滨等，2018）。由于实际监测工作中，不同的人类活动给生态环境带来的影响是不一样的，监测的指标内容也需要进行适当的调整。如大坝的修建、鱼类栖息地的改变等会导致鱼类群落结构的变化，IBI 指数应该是合适的选择；捕捞压力过大会造成鱼类的小型化，因此监测的内容应该增加物种特征，如个体的生长情况等；近亲繁殖可能造成遗传多样性的丧失，不同分子标记的遗传多样性监测与分析就是必不可少的内容。

综合考虑国内外水生态监测的发展，怒江流域水生态监测可从水文地貌、水质、水生生物指标 3 个方面开展生态监测。

（1）水文地貌指标。水文形态既包括河流的水文特征，也包括河流连续性、地貌形态等栖息地条件，主要是指维系生物群落存在的水文条件和生境状况。考虑到实际工作的可操作性，水文条件选择最为常见的流速作为评价指标，而生境指标则主要从河岸河道、底质等指标进行构建，这些监测的指标大部分内容与国内的水文监测重合。

（2）水质指标。水体理化性质指标使用最为广泛。鱼类受水温及其过程变化影响最为直接。氧化条件对鱼类的生存也有重要作用，通常可以直接监测溶解氧或 COD、BOD。pH 直接影响鱼类呼吸，并且影响到鱼类对溶解氧的需求。营养盐浓度变化容易导致水体富营养化、藻类水华，其对浮游植物影响较大，进而影响整个水生态系统。因此，水质指标可选择水温、溶解氧、COD、pH、营养盐（TN、TP、氨氮、硝态氮、可溶性磷酸盐、高锰酸盐指数等）。上述指标涉及一种或多种监测参数，具体监测参数主要从我国《地表水环境质量标准》（GB 3838—2002）中选取，以便与水质监测工作保持一致。

（3）水生生物指标。目前国内外河流监测工作中涉及的水生生物主要包括藻类、水生无脊椎动物、水生植物和鱼类。

藻类因其生境相对固定、处于河流生态系统食物链始端、生活周期短、对污染物反应灵敏、可为水质变化提供早期预警信息等优点而成为河流健康监测的重要指示种之一。

水生无脊椎动物具有相对较长的生活周期、较高的生物多样性（在不同生境中都有分布）、形体易于辨别等优势；此外，很多动物在其生活史中至少有一部分时间对生境有特定的要求，所以该类生物群落结构的变化也能很好地反映河段生境条件的变化，是河流水质状况惯用的另外一项重要监测指标（唐涛等，2002）。

鱼类能在绝大多数水生态系统中生存，可以反映流域尺度较为全面和详细的水生态系统信息，且其形态特征明显，易于鉴定；此外，大多数鱼类生活史较长，对各方面的压力敏感，当水体特征发生改变时，鱼类个体在形态、生理和行为上会产生相应的反应。因此，鱼类也是河流水生态监测中的重要监测生物。

三、监测方法

水生态、水环境监测中的各项技术包括水质标准、监测方案的设计，也包括水样的采集、储运、预处理，水样物理性质、金属化合物、有机化合物的测定等，还包括生物监测、底质监测和应急监测等综合性监测，这些都已经由国家相关部门拟定和颁布，必须认真执行。

目前鱼类监测系统中比较系统的工作有美国陆军工程兵团（US Army Corps of Engineers，USACE）、美国地质调查局（US Geological Survey，USGS）、美国鱼类与野生动物局（US Fish and Wildlife Service，USFWS）及相关单位开展的密西西比河干流及主要支流的监测工作。另外，在加拿大、欧洲、澳大利亚等国家和地区，也有很多鱼类监测系统。在进行这些监测工作时，许多部门制定了非常具体的监测方法，特别是《生物多样性工作手册》中对鱼类监测方法有详细和具体的描述。这些方法有传统的渔具，如刺网、拖网、各种诱捕网具（定置网、地笼、虾笼）等，也有现代的鱼探仪等水声学设备。实际工作中，可基于不同的水环境条件和不同的监测目的进行参考使用。

怒江上游西藏段生境组成复杂，包括中央急流、岸边浅滩、回水等。底质中央为巨石，岸边有大石、碎石、泥沙等多种类型。不同生境区域适合不同的鱼类种类。为了减少生境差异和季节变化导致的误差，可以选择不同生境采样和同一调查站点在不同的时间，采集水文地貌、水质指标以及浮游生物、底栖生物等鱼类饵料资源，同时利用不同的网具对鱼类进行多次采样。

在各调查站点开展鱼类定量采集，捕捞方式包括三层流刺网网捕、钩钓等，分别记录捕捞作业方式的起止时间、渔获量和鱼类组成，并对采集到的鱼类从形态学和分子学两个方面进行种类鉴定，摸清调查江段的鱼类种类组成现状。

此外，水质常规监测、遥感监测以及生物监测技术已成为江河湖库等水生态系统重要的监测与评价手段，所取得的研究成果与实践成果为我国水环境管理与研究提供了有益的经验。遥感监测相对于常规监测来说省时省力，并且适用于大尺度的水质监测；生物监测适用于各种层次的水质监测，其操作的简易性与低成本使其在许多没有复杂水质理化分析仪器的情况下也能正常开展水质监测工作。因此，在进行水生态监测的过程中，可根据实际情况来选择是否开展遥感监测，以实现最优的资源配置，获得最佳的监测效果（陈水松等，2013）。

四、监测周期

为保证流域水生态监测工作的系统性和时空连续性，根据监测内容和区域的不同，河流监测常分为常规监测、专项监测和应急监测。常规监测注重资料的长序列性，可为重要典型水域和生态敏感区的生态状况评价积累基础性资料。专项监测可针对特定要求和目标开展，如针对重要工程建设前后、水资源开发利用密集区、关键水生物种生存状态，以及生态调度、过鱼设施、鱼类增殖放流和栖息地保护等修复措施的实施效果定期开展。

怒江西藏段流域受人类活动干扰较少，总体健康状况良好，且该地区生态敏感区和脆弱区相对集中，因此，应主要开展常规监测，为流域的生态状况评价积累基础资料。由于鱼类资源分布受季节变化影响较大，其监测周期应为每年2～3次，分别在每年的春季、夏季和秋季。

第三节　怒江西藏段鱼类生物完整性评价

河流生态系统是生物圈物质循环的重要通道，具有调节气候、改善生态环境以及维护生物多样性等众多功能，当前河流生态系统不断受到人类活动的干扰和损害，恢复和维持一个健康的河流生态系统已经成为近年来环境管理的重要目标。近30年来，河流生态系统健康状况评价的方法学不断发展，形成了一系列各具特色的评价方法，根据评价原理，可大致将这些评价方法分为预测模型法和多指标评价法。其中，多指标评价法使用评价标准对河流的生物、化学以及形态特征指标进行打分，将各项得分累计后的总分作为评价河流健康状况的依据。其中生物完整性指数（IBI）多指标评价法主要是从生物集合群的组成成分和结构两个方面反映生态系统的健康状况，是目前水生态系统健康研究中应用最广泛的指标之一。

1981 年，美国学者 Karr 依据"一个良好的水域生态环境，必然存在一个完善的生物群落结构"的构想，提出用生物完整性指数（IBI）评价水环境质量。完整性是指具有或保持着应有的各部分，没有损坏或残缺。生物完整性的内涵是支持和维护一个与地区性自然生境相对等的生物集合群的物种组成、多样性和功能等的稳定能力，是生物适应外界环境的长期进化结果。生物完整性指数最初是以鱼类为研究对象建立的，随后逐渐被应用于大型底栖无脊椎动物、浮游生物和高等维管束植物。鱼类生物完整性指数（F-IBI）最初被应用于美国中西部的溪流和河流，由于地区性的调整和校正，已经成为一个多参数指数家系，因为不同地区拥有不同的河流以及它们特有的鱼类群落。目前，F-IBI 已被广泛应用于河流生态与环境基础科学研究、水资源管理、水环境工程评价、政策和法律的制订，也被许多环保志愿者组织采用。其实 IBI 最初的研究对象是鱼类，鱼类在各个空间尺度上对生境质量的变化比较敏感，而且具有迁移性，更是衡量栖息地连通性的理想指标。在时间尺度上，鱼类的生命历程记载了环境的变化过程。在渔业和水产养殖管理中，将鱼类当作水质的指标也有着悠久的历史。因此，通常根据鱼类群落的组成与分布、物种多度以及敏感种、耐受种、土著种和外来种等指标的变化来评价水体生态系统的完整性（张明阳等，2005；陈水松等，2013）。国外有大量研究者对利用鱼类进行生物完整性评价，进而判断水体状况的优缺点进行了多次的论证（Karr，1981；Karr et al.，1986；Fausch et al.，1984；USEPA，2000）。Karr 等（1999）研究表明，生物完整性评价方法完全适用于淡水生态系统监测与健康评价领域。

怒江水电梯级开发备受关注，通过生物完整性指数评价能够准确地了解水体所承受的环境压力程度，判断水质的好坏，同时也具有一定的预警作用。怒江属于开发程度低的急流开放型水生生态系统，面临流域开发带来的巨大变化，开发前的生物完整性调查和评价对于后期的监测与保护具有重要意义（郑海涛，2006）。

一、鱼类生物完整性指数指标体系构建

鱼类生物完整性指数与标准的研究步骤包括：①提出候选指标；②每种生物指标值以及 IBI 指数的计算；③通过对指数值分布范围、相关关系和判别能力的分析，建立评价指标体系。

根据本章的调查内容与实际情况，结合国内外河流评价中比较成熟的 F-IBI 体系指标（郑海涛，2006；刘春池等，2017；黄亮亮等，2013；刘猛等，2016；黄凯等，2018；余景等，2017；张赛赛等，2015），最终选取 22 个指标作为怒江流域西藏段 F-IBI 的候选指标（表 9-1）。这些指标涵盖了鱼类种类组成与多样性、营养结构、耐受性、栖息地特征和繁殖类群等方面。对鱼类耐受性、栖息地特征和繁殖类群等方面的划分参考陈宜瑜（2009）、武云飞等（1992）等。

表 9-1　怒江西藏段 F-IBI 候选指标体系及指标描述

属性	候选指标	指标代号	对干扰的响应
种类组成与丰度	鱼类种类数	M1	下降
	鲤科鱼类物种数	M2	上升
	鲤科鱼类个体数百分比	M3	上升
	裂腹鱼亚科鱼类物种数	M4	下降
	鳅科鱼类种类数百分比	M5	下降
	鳅科鱼类个体数百分比	M6	下降
	香农-威纳多样性指数	M7	下降
	底层鱼类种类数比例	M8	下降
	中下层鱼类种类数比例	M9	下降
	丰度组成达 90% 的物种数	M10	下降
	特有鱼类物种数	M11	下降
资源与个体健康状况	外来鱼类物种数	M12	上升
	总渔获量	M13	下降
	鱼类采样样本中的个体数	M14	第下降
耐受性	敏感性鱼类个体百分比	M15	下降
	耐受性鱼类个体百分比	M16	上升
	广布型鱼类个体百分比	M17	下降
繁殖共位群	产黏性卵鱼类个体百分比	M18	上升
	产漂流性卵鱼类个体百分比	M19	下降
营养结构	杂食性鱼类数量百分比	M20	下降
	肉食性鱼类数量百分比	M21	下降
	植食性鱼类数量百分比	M22	下降

耐受性主要是指鱼类对所处环境发生改变的敏感程度。怒江上游人烟稀少，农业不发达，没有工业，水环境变化主要是水温、流速、溶解氧等的变化以及人口相对密集的村、镇生活污水的排入导致的水质变化。因此，该区域鱼类耐受性主要是针对各种鱼类对于水温、溶解氧和 pH 的敏感性分析。

营养结构主要分析鱼类的食性以及各种食性的鱼类资源量占总渔获物的百分比。本章营养结构待选指标选择 Karr（1981）采用的 3 个指标：杂食性鱼类数量百分比、肉食性鱼类数量百分比和植食性鱼类数量百分比。

繁殖类群是指具有相似的产卵场、产卵类型，或卵的特性相同（漂流性、黏性或沉性等）的不同种的鱼类群体。环境改变通常会导致部分鱼类生活史所需的特定的生境条件受到破坏，特别是繁殖阶段对水文等条件要求较高。将不同繁殖习性鱼类的比例列入候选指标，繁殖习性参考《云南鱼类志》《中国动物志 硬骨鱼纲》《横断山区鱼类》《西藏鱼类及其资源》及《四川鱼类志》等文献资料、fishbase 等鱼类资源库以及现场调查时的生物学解剖记录。

对候选指标按照以下方法进行筛选：①删除 95％以上调查站点的指标值均为 0 的指标。②删除因研究水平不足或资料收集不全而没有得出调查结果的指标。③对候选指标进行正态检验，符合正态分布的指标用 pearson 相关分析进行筛选，如果两个或多个指标相关系数＞0.9，在 F-IBI 评价体系中只选择其中一个指标来代表该信息；不符合正态分布的指标使用 spearman 相关性分析，如果两个或多个指标相关系数＞0.75，在 F-IBI 评价体系中只选择其中一个指标来代表该信息（Blocksom et al.，2002；Maxted et al.，2000；Baptista et al.，2007；刘春池，2017）。

二、参照点的确定

生物完整性评价标准的确定，通常有两种方式。在历史数据较为充分的情况下，直接以历史数据为标准；当历史数据不全时，可根据评价目的选取某一江段或江段的某一个站点作为参考设定标准。怒江鱼类的历史数据中，种类组成与分布、营养结构的相关数据较为全面，而资源量及种群数量变动的数据相对缺乏。该研究根据 Bozzetti 和 Schulz（2004）提出的方法，选取假设的参照数值，将实际站点中某一指标的最大值作为最佳参照。根据以下方法对体系指标得分进行计算：

a. 对于随着环境质量状况变好而增加的指标：

$$S_{metric} = (O/R) \times 10$$

b. 对于随着环境质量状况变好而减少的指标：

$$S_{metric} = (1-O/R) \times 10$$

式中：O 为调查站点的实际观测值；R 为调查站点的理论参考值。每个指标的得分范围为 0～10。

三、生物完整性评价标准

将所有指标的分值累加，确定 F-IBI 分值。以参考点的 75％分位数定义为"健康"等级标准（Rohm et al.，2002；Smith et al.，2003；Suplee et al.，2007；Herlihy and Sifneos，2008）；对小于 75％分位数的进行四等分（吴阿娜，2008；张赛赛等，2015；黄凯等，2018）。将怒江西藏段流域健康状况分为极好、好、一般、差、极差 5 个等级（黄亮亮等，2013；刘春池等，2017）。

四、应用鱼类生物完整性指数评价怒江西藏段健康状况

基于数据的完整性，采用 2017 年 4—9 月的调查数据进行 F-IBI 指标筛选和分值的计算。根据指标筛选方法，最终确定了 10 个指标用来构建怒江西藏段的 F-IBI（表 9 - 2）。根据数据分析方法对确定的 10 个指标进行计算，得到每个指标的分值，将所有分值累计相加得到各样点的 F-IBI 得分（刘猛等，2016），F-IBI 得分越高，表示水体的健康水平越高。

表 9-2　怒江西藏段 F-IBI 指标

属性	候选指标	指标代号	对干扰的响应
种类组成与丰度	鱼类种类数	M1	下降
	鲤科鱼类物种数	M2	上升
	裂腹鱼亚科鱼类物种数	M4	下降
	鳅科鱼类种类数百分比	M5	下降
	香农-威纳多样性指数	M7	下降
	中下层鱼类种类数比例	M9	下降
	特有鱼类物种数	M11	下降
资源与个体健康状况	总渔获量	M13	下降
	鱼类采样样本中的个体数	M14	下降
耐受性	广布型鱼类个体百分比	M17	下降

将怒江西藏段调查站点 F-IBI 分值的 75％分位数作为健康评价标准，均分为 5 个等级（表 9-3）。

表 9-3　基于 F-IBI 分值的怒江西藏段流域健康评价等级

项目	健康评价等级				
判定结果	极好	好	一般	差	极差
F-IBI 分值	＞57.79	43.34～57.79	28.89～43.34	14.45～28.89	＜14.45

基于 F-IBI 分值的怒江西藏段流域健康评价等级的评价结果（表 9-3），怒江西藏段 7 个调查站点的 F-IBI 评价结果如表 9-4 所示。由表 9-4 可见，怒江西藏段流域的健康状况在一般水平以上，表明流域虽受到了一定程度的污染，但总体保持在健康状态。该评价结果与其他研究者的结果一致（蔡其华，2005；荆烨，2009；王龙涛，2015），从而证实了 F-IBI 在怒江流域的适用性。

表 9-4　怒江西藏段 F-IBI 评价结果

调查站点	那曲县	比如县	边坝县	洛隆县	八宿县	左贡玉曲河	察瓦龙
F-IBI 分值	30.9	37.98	62.37	45.82	36.06	42.61	57.79
健康状况	一般	一般	极好	好	一般	一般	好

五、怒江西藏段健康评价研究展望

（一）鱼类生物完整性指数评价体系及其适用性

河流健康管理以评价结果为基础，一个适宜的评价指标体系是河流管理者实行有效管理所需要的。评价指标的选择，需要评价指标能准确反映出评价水体相对于参照状态的偏离情况，因此要求评价指标能够对环境压力有灵敏的响应。本章采用国内外使用较多的鱼类生物完整性指数评价河流生态健康状况的方法，参照已有研究结果来确定候选指标以及进行指标筛选。

鱼类生物完整性指数评价体系的构建是在参照点与受损点筛选的基础上进行的，通过与参照点的河流状况进行比对，评估其余样点河流的健康状况，因此，参照点的选择是鱼类生物完整性指数评估体系建立的关键。参照点是指没有人为活动干扰或人类活动干扰极小的点，是评估河流健康受损程度的基准。但在实际研究中，很难找到合适的参照条件以及完全没有人为活动干扰的样点。国内除了部分自然保护区的核心区域可能存在未受人类活动干扰的河流外，其他大部分河流均受到不同程度的影响（黄亮亮等，2013）。因此，在实际研究中，往往根据研究区域各自的情况来选择合适的参照条件。根据国内外研究结果，参照点的选择并没有相应的规范。目前应用较多的有以下两种方式：①如果历史数据比较充分，直接以历史数据为标准；②当历史数据资料不全时，可根据评价目的选取某一区域或某区域内的一个调查站点作为对照点（郑海涛，2006）。尽管已有部分研究者对怒江流域鱼类资源进行了调查，但是依旧缺少完整的定量数据，因此，只能在实际采样中，将各个站点某一指标的最大值作为最佳参照。

指标的筛选方法目前尚无统一规定，本节参考前人的一些筛选方法（黄亮亮等，2013；刘春池等，2017），通过指标分布范围的有效性、候选指标的完善性分析和候选指标间相关性分析等一系列数学方法，对选择的 22 个候选指标进行了筛选，最终确定的 10个指标分属于种类组成与丰度、资源与个体健康状况和耐受性三个方面，可有效区分参照点与受损点间的差异，并且各指标彼此相对独立。有研究表明，天然水体中，土著鱼类的组成与分布对水利工程修建、农业引水灌溉以及水体污染等十分敏感（刘建康等，1992）。该研究筛选出的指标包含裂腹鱼亚科鱼类物种数、特有鱼类物种数等，能够反映怒江流域水体健康状况，表明该研究建立的鱼类生物完整性指数指标体系能够比较准确地反映怒江流域的生态健康状况。

（二）生物完整性与环境的关系

利用鱼类生物完整性指数评价河流的健康状况，反映了不同类型人类干扰对河流的综合干扰情况，F-IBI 对不同的人为干扰表现出的响应也会不同，干扰越强，F-IBI 指数越低（刘猛等，2016；娄方瑞等，2015）。根据该研究的结果，边坝县江段的鱼类生物完整性指数最高，处于极好的状态；洛隆县和察瓦龙乡两个江段的生物完整性指数较高，其生态健康状况为好；而那曲县、比如县和八宿县江段以及左贡县玉曲河的生物完整性指数稍低，生态健康状况为一般。怒江流域西藏段边坝县江段和察瓦龙乡江段坡度较高，地势险峻，河水落差大，流速大，底质多为石块和沙砾，溶解氧较高，是土著裂腹鱼类和高原鳅类的主要栖息场所，这两个江段河流受污染等人为干扰较少，保持着较为原始的状态，因此，生态健康状况较好。而那曲县、比如县、八宿县江段以及左贡县玉曲河江段坡度相对较低，尤其是那曲县江段，地势平坦，人类活动干扰相对较多，水利水电设施的修建以及生活污水排放，使得水质状况受到一定影响，因此该江段的鱼类生物完整性指数稍低一些。

怒江上游西藏段流域河流径流量年际变化小，水质变化稳定，大部分河段生境保存相对完整，其健康等级均在一般以上，说明尽管部分河段受到一定程度的人类干扰，但是总的来说怒江西藏段的生态状况仍处于健康状态，该评价结果与其他研究者的结果一致（蔡其华，2005；荆烨，2009；王龙涛，2015）。

水体电导率反映了溶解于其中的各种离子的浓度，已有研究表明，电导率能够显著影响水生生物类群，通常电导率越高，人类活动对流域的干扰强度越大（Johnson et al.，2014；张远等，2015）、F-IBI 分值则越低。ρ（BOD_5）、ρ（COD_{Cr}）、ρ（COD_{Mn}）均为表征地表水受有机污染的指标，这些指标值越高，水体受有机污染越严重（Mereta et al.，2013），相应地 F-IBI 分值越低。ρ（NH_3-N）和 ρ（TN）可指示农业面源污染情况，其值较高时可能引起水体富营养化，而较低时也对水生生物具有一定毒性，水体中 ρ（NH_3-N）越高，F-IBI 分值越低（Australian and New Zealand Environment and Conservation Council，2000；An et al.，2002；张楠等，2009）。而由于过度捕捞等人类胁迫因素而引起的鱼类群落改变导致的河流健康状况变差，F-IBI 评价方法是无法分辨的（刘猛等，2016）。F-IBI 的主观性较强，生物指标与环境因子之间的关系没有一个能够量化的尺度，因此，在利用 F-IBI 指数评估河流生态健康状况时，还需要进一步研究生物指标与环境因子之间的关系，才能做出更加准确的判断。

Karr（1981）认为"一个良好的水域生态环境，必然存在一个完善的生物群落结构"，因此其提出用 IBI 评价水环境质量。这一理念的提出弥补了传统水域环境质量监测只采用理化方法的不足，理化监测必须与生物监测相结合才能真正体现生态系统的结构和功能现状。因此，IBI 的评价方法作为一种环境监测手段和生态系统健康评价手段被广泛使用。然而，IBI 评价体系中所使用的指标主观性较强，研究者往往凭借自己的经验选取随环境质量变化的指标。但实际上，某些指标的改变并非是由环境质量变化引起的，例如鱼类种群数量的下降也有可能是过度捕捞造成的。因此，深入研究生物完整性与环境因子之间的关系对于 IBI 评价体系的完善很有必要。

第四节　鱼类资源保护与利用建议

怒江流域西藏段鱼类区系较为简单，多为冷水性鱼类。土著鱼类以裂腹鱼亚科鱼类和高原鳅为主。虽然目前流域的健康状况整体上良好，但其水体中的总氮、总磷营养浓度均显著超标（超出Ⅳ类水质标准），且根据 2017—2018 年营养盐浓度对比，其受污染状况有增加的趋势。已有研究也表明，影响流域水质的污染物为总磷和其他有机污染物，城镇化、农业发展对流域水质的影响不容忽视（荆烨，2009）。

　　基于怒江西藏段流域水质现状，以及近年来过度捕捞、水利水电工程建设、外来鱼类物种入侵等人类活动干扰造成的不利影响，需要从以下几个方面对怒江流域西藏段的鱼类资源进行保护：第一，要加强环境保护，减少生活污水和农业污水排放；第二，要严厉打击酷渔滥捕，加强水生生物违法行为的监管力度；第三，严格按照增殖放流技术规范，加强土著鱼类增殖放流，以达到资源养护的目的；第四，建立濒危珍稀鱼类自然保护区；第五，发挥水利水电设施的生态补偿作用，在土著鱼类的繁殖季节，利用水库调节下泄水量，保护鱼类的产卵场所和洄游通道；第六，可建立怒江流域的长期生态监测体系，结合流域社会、环境、人文等各方面的因素综合考量，对流域生态系统进行长期监测和评价，对流域变化提供早期预警以便采取预防措施。

参考文献

蔡其华，2005. 正确处理保护与开发的关系合理开发怒江流域水能资源 [J]. 人民长江，36
　（4）：1-2.

蔡庆华，吴刚，刘建康，1997. 流域生态学：水生态系统多样性研究和保护的一个新途径 [J].
　科技导报（5）：24-26.

曹文宣，陈宜瑜，武云飞，等，1981. 裂腹鱼类的起源和演化及其与青藏高原隆起的关系
　[M] //青藏高原综合科学考察队. 青藏高原隆起的时代、幅度和形式问题. 北京：科学出版
　社：118-130.

常剑波，2001. 金沙江一期工程对白鲟等珍稀特有鱼类的影响及保护对策研究报告 [R]. 武汉：
　中国科学院水生物研究所.

陈大庆，张信，熊飞，等，2006. 青海湖裸鲤生长特征的研究 [J]. 水生生物学报，30（2）：
　173-179.

陈锋，陈毅峰，2010. 拉萨河鱼类调查及保护 [J]. 水生生物学（2）：278-283.

陈礼强，吴青，郑曙明，等，2008. 细鳞裂腹鱼胚胎和卵黄囊仔鱼的发育 [J]. 中国水产科学，
　15（6）：927-934.

陈水松，唐剑锋，2013. 水生态监测方法介绍及研究进展评述 [J]. 人民长江（S2）：92-96.

陈湘粦，乐佩琦，林人端，1984. 鲤科的科下类群及其宗系发生关系 [J]. 动物分类学报，9
　（4）：424-440.

陈新军，2004. 渔业资源与渔场学 [M]. 北京：海洋出版社：150.

陈亚瞿，徐兆礼，王云龙，1995. 长江口河口锋区浮游动物生态研究 I 生物量及优势种的平面分
　布 [J]. 中国水产科学，2（1）：49-58.

陈宜瑜，1998. 横断山区鱼类 [M]. 北京：科学出版社.

陈宜瑜，1998. 中国动物志 硬骨鱼纲 鲤形目（中卷）[M]. 北京：科学出版社.

陈宜瑜，陈毅峰，刘焕章，1996. 青藏高原动物地理区的地位和东部界线问题 [J]. 水生生物
　学报，20（2）：97-103.

陈毅峰，曹文宣，2000. 裂腹鱼亚科 [M] //乐佩琦. 中国动物志 硬骨鱼纲 鲤形目（下卷）. 北
　京：科学出版社：273-390.

陈毅峰，陈自明，巴珠，等，2001. 藏北色林错流域的水文特征 [J]. 湖泊科学，13（1）：
　21-28.

陈毅峰，何德奎，曹文宣，等，2002. 色林错裸鲤的生长 [J]. 动物学报，48（5）：667-676.

陈毅峰，何德奎，段中华，2002. 色林错裸鲤的年轮特征 [J]. 动物学报，48（3）：384-392.

陈银瑞，褚新洛，1985. 我国结鱼属鱼类的系统分类及一新种的记述 [J]. 动物学研究，6（1）：
　79-85.

褚新洛，1981. 中国鲃属鱼类的初步整理［J］. 动物学研究，2（2）：145-156.

褚新洛，陈银瑞，1989. 云南鱼类志（上册）［M］. 北京：科学出版社．

褚新洛，陈银瑞，1990. 云南鱼类志（下册）［M］. 北京：科学出版社．

崔桂华，李再云，1984. 鮀亚科鱼类一新种［J］. 动物分类学报，9（1）：110-112.

代田昭彦，1985. 水产饵料生物学［M］. 北京：农业出版社：450.

代应贵，肖海，2011. 裂腹鱼类种质多样性研究综述［J］. 中国农学通报，27（32）：38-46.

邓民龙，邓霞，2006. 裂腹鱼人工驯养繁殖技术［J］. 水产养殖，27（5）：34-35.

邓其祥，余志伟，李操，2000. 二滩库区及相邻江段的鱼类区系［J］. 四川师范学院学报（自然科学版），21（2）：128-131.

董艳珍，邓思红，2011. 齐口裂腹鱼的人工繁殖与苗种培育［J］. 水产科学，30（10）：638-640.

董哲仁，2005. 怒江水电开发的生态影响［J］. 生态学报，26（5）：1591-1596.

范丽卿，刘海平，林进，等，2016. 拉萨河流域外来鱼类的分布、群落结构及其与环境的关系［J］. 水生生物学报，40（5）：958-967.

范丽卿，土艳丽，李建川，等，2011. 拉萨市拉鲁湿地鱼类现状与保护［J］. 资源科学（9）：1742-1749.

龚志军，谢平，阎云君，2001. 底栖动物次级生产力研究的理论与方法［J］. 湖泊科学，12（3）：210-216.

关佳佳，2013. 辽河保护区水生态监测指标体系构建的研究［D］. 沈阳：东北大学．

郝汉舟，2005. 拉萨裂腹鱼的年龄和生长的研究［D］. 武汉：华中农业大学：32-36.

何德奎，2007. 裂腹鱼类的分子系统发育与生物地理学［D］. 武汉：中国科学院水生生物研究所．

何德奎，陈毅峰，陈宜瑜，等，2003. 特化等级裂腹鱼类的分子系统发育与青藏高原隆起［J］. 科学通报，48（22）：2357-2362.

何明华，2005. 浅谈怒江水系鱼类资源保护［J］. 林业调查规划，30（B5）：73-75.

何舜平，乐佩琦，陈宜瑜，1997. 鲤形目鱼类咽齿形态及发育的比较研究［J］. 动物学报，43（3）：255-262.

贺舟艇，2005. 西藏拉萨河异齿裂腹鱼年龄与生长的研究［D］. 武汉：华中农业大学：29-40.

胡华锐，张家波，常毅，等，2012. 绰斯甲河大渡裸裂尻鱼的年龄与生长特性研究［J］. 淡水渔业，42（6）：78-81.

胡睿，2012. 金沙江上游鱼类资源现状与保护［D］. 武汉：中国科学院水生生物研究所．

胡睿，王剑伟，谭德清，等，2012. 金沙江上游软刺裸裂尻鱼年龄和生长的研究［J］. 四川动物，31（5）：708-719.

胡思玉，詹会祥，赵海涛，等，2012. 昆明裂腹鱼人工驯养繁殖技术［J］. 湖北农业科学，51（1）：136-138.

胡涛，2013. 怒江俄米水电站坝前右岸Ⅱ#变形体成因机制及稳定性研究［D］. 成都：成都理工大学．

黄凯，姚垚，王晓宁，等，2018. 基于鱼类完整性指数的滦河流域生态系统健康评价［J］. 环境科学研究，31（5）：901-910.

黄亮亮，吴志强，蒋科，等，2013. 东苕溪鱼类生物完整性评价河流健康体系的构建与应用［J］. 中国环境科学，33（7）：1280-1289.

黄顺友，陈宜瑜，1986. 中甸重唇鱼和裸腹重唇鱼的系统发育关系及其动物地理学分析［J］. 动物分类学报，11（1）：100-107.

季强，2008. 六种裂腹鱼类摄食消化器官形态学与食性的研究［D］. 武汉：华中农业大学.

季强，2008. 异齿裂腹鱼食性的初步研究［J］. 水利渔业，28（3）：51-53，82.

郑国生，张国华，刘彦，1987. 浙江鳊鲌亚科鱼类咽骨咽齿的比较研究［J］. 浙江水产学院学报，6
（1）：1-12.

蒋红，谢嗣光，赵文谦，等，2007. 二滩水电站水库形成后鱼类种类组成的演变［J］. 水生生物学报，
31（4）：532-539.

蒋燮治，沈韫芬，龚循矩，1983. 西藏水生无脊椎动物［M］. 北京：科学出版社.

蒋志刚，江建平，王跃招，等，2016. 中国脊椎动物红色名录［J］. 生物多样性，24（5）：500-551.

荆烨，2009. 怒江流域水质现状及预测分析［J］. 环境科学导刊，28（3）：61-62.

克莱，杨鸿明，1978. 鱼闸和升鱼机［J］. 水利水运科技情报，88-96.

乐佩琦，2000. 中国动物志 硬骨鱼纲 鲤形目（下卷）［M］. 北京：科学出版社：274-305.

冷云，徐伟毅，刘跃天，等，2003. 小裂腹鱼的食性初探［J］. 水利渔业，23（1）：16.

冷云，徐伟毅，刘跃天，等，2004. 云南裂腹鱼食性研究［J］. 水利渔业，24（1）：23.

冷云，徐伟毅，刘跃天，等，2006. 云南裂腹鱼全人工繁殖试验［J］. 水利渔业，26（4）：26-27.

李斌，张耀光，岳兴建，等，2011. 怒江流域大型底栖动物资源状况［J］. 淡水渔业，41（3）：7.

李芳，2009. 西藏尼洋河流域水生生物研究及水电工程对其影响的预测评价［D］. 西安：西北大学.

李飞，杨德国，何勇凤，等，2016. 赠曲裸腹叶须鱼的年龄与生长［J］. 淡水渔业，46（6）：39-44.

李光华，冷云，吴敬东，等，2014. 短须裂腹鱼规模化人工繁育技术研究［J］. 现代农业科技，10：
259-261，270.

李建立，李丕鹏，2005. 西藏慈巴沟国家级自然保护区及其两栖爬行动物［J］. 四川动物，24（3）：
260-262.

李文静，王剑伟，谢从新，等，2007. 厚颌鲂的年龄结构及生长特性［J］. 中国水产科学，14（2）：
215-222.

李尧英，魏印心，陈嘉佑，等，1992. 西藏藻类［M］. 北京：科学出版社.

李志雄，2004. 怒江中下游流域开发与环境保护的关系［D］. 昆明：昆明理工大学.

李忠利，2015. 乌江上游四川裂腹鱼的年龄结构与生长特性［J］. 水生态学杂志，36（2）：75-80.

刘春池，牛建功，蔡林钢，等，2017. 伊犁河流域鱼类生物完整性指数构建初探［J］. 淡水渔业，47
（4）：15-22.

刘冬英，沈燕舟，王政祥，2008. 怒江流域水资源特性分析［J］. 人民长江，39（17）：3.

刘焕章，杨君兴，刘淑伟，等，2016. 鱼类多样性监测的理论方法及中国内陆水体鱼类多样性监测［J］.
生物多样性，24（11）：1227-1233.

刘建康，曹文宣，1992. 长江流域的鱼类资源及其保护对策［J］. 长江流域资源与环境，1（1）：17-23.

刘猛，渠晓东，彭义启，等，2016. 浑太河流域鱼类生物完整性指数构建与应用［J］. 环境科学研究，
29（3）：343-352.

刘明典，陈大庆，段辛斌，等，2010. 应用鱼类生物完整性指数评价长江中上游健康状况［J］. 长江科
学院院报，27（2）：1-10.

刘绍平，刘明典，张耀光，等，2016. 怒江水生生物物种资源调查与保护［M］. 北京：科学出版社.

刘琰，郑丙辉，2013. 欧盟流域水环境监测与评价及对我国的启示［J］. 中国环境监测，29（4）：

162-168.

刘跃天，吴敬东，李光华，等，2012. 光唇裂腹鱼人工驯养研究［J］. 水生态学杂志，33（5）：123-126.

娄方瑞，程光平，陈柏娟，等，2015. 基于鱼类生物完整性指数评价红水河梯级水库的生态系统健康状况［J］. 淡水渔业（4）：36-40.

罗怀斌，2013. 西藏然乌湖湿地自然保护区生物多样性及保护对策［J］. 中南林业调查规划，32（1）：38-41.

骆华松，包广静，李智国，2005. 怒江水能资源开发与民族地区可持续发展［J］. 云南师范大学学报（自然科学版），25（4）：65-69.

马宝珊，谢从新，霍斌，等，2011. 裂腹鱼类生物学研究进展［J］. 江西水产科技（4）：36-40.

莫天培，褚新洛，1986. 中国纹胸鮡属 Glyptothorax Blyth 鱼类的分类整理（鲇形目 Siluriformes，鮡科 Sisoridae）［J］. 动物学研究，7（4）：339-348.

农业部渔业渔政管理局，2016. 2016 中国渔业统计年鉴［M］. 北京：中国农业出版社.

潘黔生，郭广全，方子平，等，1996. 6 种有胃真骨盘消化系统比较解剖的研究［J］. 华中农业大学学报，15（5）：463-466.

蒲德成，苏胜齐，代昌华，等，2017. 大宁河齐口裂腹鱼人工繁育技术研究［J］. 湖北农业科学，56（20）：3917-3920.

祁得林，郭松长，唐文家，等，2006. 南门峡裂腹鱼亚科鱼类形态相似种的分类学地位形态趋同进化实例［J］. 动物学报，52（5）：86-87.

钱瑾，徐刚，1998. 乌江上游两种裂腹鱼食性的初步分析［J］. 贵州工程应用技术学院学报（1）：79.

琼达，2007. 西藏林芝察隅自然保护区生态旅游可持续发展与环境保护［J］. 民营科技（11）：121-122.

任丽萍，2012. 嘉陵江（四川段）梯级开发的多尺度健康评价研究［D］. 重庆：重庆大学.

芮建良，施家月，2013. 河流生态修复技术在水利水电工程鱼类保护中的应用——以基独河生态修复为例［C］//环境保护部环境工程评估中心，中国水利学会水生态专业委员会. 水利水电工程生态保护（河流连通性恢复）国际研讨会论文集. 南宁.

沈丹丹，2007. 宝兴裸裂尻鱼的年龄、生长和繁殖力研究及宝兴东、西河的鱼类多样性［D］. 成都：四川大学.

施之新，魏印心，陈嘉佑，等，1994. 西南地区藻类资源考察专集［M］. 北京：科学出版社.

谭婕，2012. 横江水电开发对水生生态环境影响分析［D］. 成都：西南交通大学.

万法江，2004. 狮泉河水生生物资源和高原裸裂尻鱼的生物学研究［D］. 武汉：华中农业大学：46-47.

汪松，解焱，2009. 中国物种红色名录：第 2 卷 脊椎动物（上册）［M］. 北京：高等教育出版社.

汪松，解焱，2009. 中国物种红色名录：第 2 卷 脊椎动物（下册）［M］. 北京：高等教育出版社.

王成友，2012. 长江中华鲟生殖洄游和栖息地选择［D］. 武汉：华中农业大学.

王典群，1992. 玛曲渔场几种裂腹鱼类消化道的形态结构与其食性的相互关系［J］. 水生生物学报，16（1）：33-39.

王金林，牟振波，王且鲁，等，2018. 西藏裂腹鱼亚科鱼类研究进展［J］. 安徽农业科学（2）：16-19.

王龙涛，2015. 怒江上游水电开发对鱼类栖息环境影响分析及保护［D］. 武汉：华中农业大学.

王万良，李宝海，周建设，等，2016. 两种不同模式人工驯养野生拉萨裂腹鱼试验效果比较［J］. 西藏农业科技，38（1）：16-20.

王万良，张忏忏，王建银，等，2017. 双须叶须鱼人工繁殖研究［J］. 安徽农业科学，45（24）：105-107.

王业耀，阴琨，杨琦，等，2014. 河流水生态环境质量评价方法研究与应用进展［J］. 中国环境监测（4）：9.

王宇峰，2014. 金沙江上游裸腹叶须鱼年龄与生长的研究［D］. 成都：四川农业大学：19-22.

吴阿娜，2008. 河流健康评价：理论、方法与实践［D］. 上海：华东师范大学.

伍献文，等，1964. 中国鲤科鱼类志：上卷［M］. 上海：上海科学技术出版社.

伍献文，等，1977. 中国鲤科鱼类志：下卷［M］. 上海：上海科学技术出版社.

武云飞，陈宜瑜，1980. 西藏北部新第三纪的鲤科鱼类化石［J］. 古脊椎动物与人类，18（1）：15-20.

武云飞，谭齐佳，1991. 青藏高原鱼类区系特征及其形成的地史原因分析［J］. 动物学报，37（2）：135-152.

武云飞，吴翠珍，1992. 青藏高原鱼类［M］. 北京：科学出版社.

西藏自治区地方志编纂委员会，2005. 西藏自治区志 动物志［M］. 北京：中国藏学出版社：268-293.

西藏自治区水产局，1995. 西藏鱼类及资源［M］. 北京：中国农业出版社.

西藏自治区统计局，2018. 西藏统计年鉴［M］. 北京：中国统计出版社.

习晓明，陈兵，杞建民，等，1994. 鲤鱼年龄的硬组织鉴定研究［J］. 西南农业大学学报，16（1）：66-68.

向枭，陈建，周兴华，等，2010.5 种脂肪源对齐口裂腹鱼生长性能及血清生化指标的影响［J］. 动物营养学报，22（2）：498-504.

向枭，陈建，周兴华，等，2011. 黄芪多糖对齐口裂腹鱼生长、体组成和免疫指标的影响［J］. 水生生物学报，35（2）：291-299.

向枭，周兴华，陈建，等，2012. 饲料蛋白水平及鱼粉蛋白含量对齐口裂腹鱼生长、体组成及消化酶活性的影响［J］. 中国粮油学报，27（5）：74-80，106.

向枭，周兴华，陈建，等，2012. 饲料中豆粕蛋白替代鱼粉蛋白对齐口裂腹鱼幼鱼生长性能、体成分及血液生化指标的影响［J］. 水产学报，36（5）：723-731.

谢春刚，张人铭，马燕武，等，2010. 塔里木裂腹鱼人工繁殖技术初步研究［J］. 干旱区研究，27（5）：734-737.

谢虹，2012. 青藏高原蒸散发及其对气候变化的响应（1970—2010）［D］. 兰州：兰州大学.

熊飞，陈大庆，刘绍平，等，2006. 青海湖裸鲤不同年龄鉴定材料的年轮特征［J］. 水生生物学报，30（2）：185-191.

徐瑞春，周建军，王正波，2007. 怒江水电开发与环境保护［J］. 三峡大学学报（自然科学版），29（1）：1-6.

徐伟毅，刘跃天，冷云，等，2002. 云南裂腹鱼驯化养殖试验［J］. 淡水渔业，32（6）：31-32.

徐伟毅，缪祥军，邱家荣，等，2008. 论怒江鱼类保护的重要性及措施［J］. 云南农业（3）：24.

徐迅，2013. 毛儿盖水电站建设生态环境影响研究［D］. 成都：四川农业大学.

鄢思利，2016. 花斑裸鲤的生物学特性、繁殖特性、胚胎发育及人工培育的研究［D］. 南充：西华师范大学.

严云志，占姚军，储玲，等，2010. 溪流大小及其空间位置对鱼类群落结构的影响［J］. 水生生物学报，34（5）：1022-1030.

晏宏，詹会祥，周礼敬，等，2010.昆明裂腹鱼人工繁殖技术研究［J］.淡水渔业，40（6）：66-70.

杨汉运，黄道明，谢山，等，2010.雅鲁藏布江中游渔业资源现状研究［J］.水生态学杂志，3（6）：120-126.

杨军山，陈毅峰，何德奎，等，2002.错鄂裸鲤年龄与生长特征的探讨［J］.水生生物学报，26（4）：378-387.

杨学峰，谢从新，马宝珊，等，2011.拉萨裸裂尻鱼的食性［J］.淡水渔业，41（4）：40-44.

叶属峰，刘星，丁德文，2007.长江河口海域生态系统健康评价指标体系及其初步评价［J］.29（4）：128-136.

易伯鲁，1982.鱼类生态学［M］.武汉：华中农学院.

殷名称，1993.鱼类生态学［M］.北京：中国农业出版社：15-27，54-62.

尹志坚，孙国政，赵明旭，等，2017.西藏察隅慈巴沟国家级自然保护区物种多样性及区系特征［J］.林业建设（2）：18-22.

余景，赵漫，胡启伟，等，2017.基于鱼类生物完整性指数的深圳鹅公湾渔业水域健康评价［J］.南方农业学报，48（3）：524-531.

余先觉，周暾，李渝成，等，1989.中国淡水鱼类染色体［M］.北京：科学出版社.

岳佐和，黄宏金，1964.西藏南部鱼类资源［M］.北京：科学出版社.

张驰，李宝海，周建设，等，2014.西藏渔业资源保护现状、问题及对策［J］.水产学杂志（2）：68-72.

张驰，李宝海，周建设，等，2016.拉萨裂腹鱼水泥池驯化养殖试验［J］.渔业致富指南（13）：50-51.

张春光，蔡斌，许涛清，1995.西藏鱼类及其资源［M］.北京：中国农业出版社.

张杰，蔡德所，曹艳霞，等，2011.评价漓江健康的RIVPACS预测模型研究［J］.湖泊科学，23（1）：73-79.

张亢西，1976.伏尔加格勒水利枢纽升鱼机效应［J］.淡水渔业，6：25-26.

张明阳，王克林，何萍，2005.生态系统完整性评价研究进展［J］.热带地理，25（1）：10-18.

张楠，孟伟，张远，等，2009.辽河流域河流生态系统健康的多指标评价方法［J］.环境科学研究，22（2）：162-170.

张赛赛，高伟峰，孙诗萌，等，2015.基于鱼类生物完整性指数的浑河流域水生态健康评价［J］.环境科学研究，28（10）：1570-1577.

张晓杰，代应贵，2011.四川裂腹鱼摄食习性与资源保护［J］.水生态学杂志，32（2）：110-114.

张信，熊飞，唐红玉，等，2005.青海湖裸鲤繁殖生物学研究［J］.海洋水产研究，26（3）：61-67.

张学健，陈家骅，2009.鱼类年龄鉴定研究概况［J］.海洋渔业，31（1）：92-99.

张远，丁森，赵茜，等，2015.基于野外数据建立大型底栖动物电导率水质基准的可行性探讨［J］.生态毒理学报，10（1）：204-214.

张远，赵瑞，渠晓东，等，2013.辽河流域河流健康综合评价方法研究［J］.中国工程学，15（3）：11-18.

章宗涉，黄祥飞，1995.淡水浮游生物研究方法［M］.北京：科学出版社.

赵树海，杨光清，宝建红，等，2016.长丝裂腹鱼全人工繁殖试验［J］.水生态学杂志，37（4）：101-104.

赵新全，祁得林，杨洁，2008.青藏高原代表性土著动物分子进化和适应研究［M］.北京：科学出版社：1-70.

郑丙辉，张远，李英博，2007. 辽河流域河流栖息地评价指标与评价方法研究 ［J］. 环境科学学报，27（6）：928-936.

郑慈英，张卫，1983. 中国的爬鳅属 *Baltira* 鱼类 ［J］. 暨南理医学报（1）：66-79.

郑海涛，2006. 怒江中上游鱼类生物完整性评价 ［D］. 武汉：华中农业大学.

郑守仁，2004. 三峡工程与生态环境 ［C］//联合国水电与可持续发展国际研讨会. 联合国水电可持续发展研讨会论文集. 北京.

钟华平，刘恒，耿雷华，2008. 怒江水电梯级开发的生态环境累积效应 ［J］. 水电能源科学（1）：52-55.

周翠萍，2007. 宝兴裸裂尻鱼的繁殖生物学研究 ［D］. 成都：四川农业大学.

周建设，李宝海，潘瑛子，等，2013. 西藏渔业资源调查研究进展 ［J］. 中国农学通报，29（5）：53-57.

朱滨，邓燕青，胡俊，等，2018. 对长江流域水生态监测评估的思考 ［J］. 人民长江，49（18）：10-13，36.

朱蕙忠，等，2000. 中国西藏硅藻 ［M］. 北京：科学出版社.

朱松泉，1982. 云南省条鳅属鱼类五新种 ［J］. 动物分类学报，7（1）：104-111.

朱秀芳，陈毅峰，2009. 巨须裂腹鱼年龄与生长的初步研究 ［J］. 动物学杂志，44（3）：76-82.

邹秀萍，2005. 怒江流域土地利用/覆被变化及其景观生态效应分析 ［J］. 水土保持学报，19（5）：5.

Bond Nick，Stuart Bunn，Jane Catford，et al.，2012. 珠江流域河流健康评估（桂江流域）［R］. 布里斯班：国际水资源中心.

Speed R，Gippel C，Bond N，et al.，2012. 中国河流健康与环境需求评估 ［R］. 布里斯班：国际水资源中心.

An K G，Park S S，Shin J Y，2002. An evaluation of a river health using the index of biological integrity along with relations to chemical and habitat conditions ［J］. Environment International，28（5）：411-420.

Appelberg M，2000. Swedish standard methods for sampling freshwater fish with multimesh gillnets ［J］. Int J Oncol，26（2）：441-448.

Australian and New Zealand Environment and Conservation Council，2000. Australian and New Zealand guidelines for fresh and marine water quality ［R］. Canberra：Agriculture and Resource Management Council of Australia and New Zealand.

Baptista D F，Buss D F，Egler M，et al.，2007. A multimetric index based on benthic macroinvertebrates for evaluation of Atlantic forest streams at Rio de Janeiro State，Brazil ［J］. Hydrobiologia，575（1）：83-94.

BarbourM T，Gerritsen J，Snyder B D，et al.，1999. Rapid bio-assessment protocols for use in streams and wadeable rivers：periphyton，benthic macroinvertebrates and fish ［M］. 2 edition. Washington DC：EPA 841-B-99-002. US. Environment Protection Agency，Office of Water：1-10.

Blocksom K A，Kurtenbach J P，Klemm D J，et al.，2002. Development and evaluation of the lake macroinvertebrate integrity index（LMII）for New Jersey lakes and reservoirs ［J］. Environ Monit Assess，77（3）：311-333.

Bozzetti M，Schulz U H，2004. An index of biotic integrity based on fish assemblages for subtropical streams in southern Brazil [J]. Hydrobiologia，529（1）：133-144.

Branwtetter S，1987. Age and growth estimates for blacktip，*Carcharhinus limbatus*，and spinner，*C. brevipinna*，sharks，form the Northwestern Gulf of Mexico [J]. Copeia（4）：964-974.

Chen W T，Du K，He S P，2015. Genetic structure and historical demography of *Schizothorax nukiangensis*（Cyprinidae）in continuous habitat [J]. Ecology and Evolution，5（4）：984-995.

Chen Z M，Chen Y F，2001. Phylogeny of the specialized schizothoracine fishes（Teleostei：Cypriniformes：Cyprinidae）[J]. Zoological Studies，40（2）：147-157.

Day F，1878. The Fishes of India [M]. London：Quaritch B.

Fausch K D，Karr J R，Yant P R，1984. Regional application of all index of biotic integrity based on stream fish communities [J]. Transactions of the American Fisheries Society，113：39-55.

Francis R I C C，2010. Back-calculation of fish length：a critical review [J]. J Fish Biol，36（6）：883-902.

Günther A，1868. Catalogue of the fishes in the British Museum [R]. London：71-512.

He D K，Chen Y F，2007. Molecular phylogeny and biogeography of the highly specialized grade schizothoracine fishes（Teleostei：Cyprinidae）inferred from cytochrome b sequences [J]. Chinese Science Bulletin，52（6）：777-788.

He D K，Chen Y F，Chen Y Y，et al.，2004. Molecular phylogeny of the specialized schizothoracine fishes（Teleostei：Cyprinidae），with their implications for the uplift of the Qinghai-Tibetan Plateau [J]. Chinese Science Bulletin，49（1）：39-48.

Heckel J J，1838. Fische aus caschmir [M]. Vienna：Taylor & Francis：1-112.

Herlihy A T，Sifneos J C，2008. Developing nutrient criteria and classification schemes for wadeable streams in the conterminous US [J]. Journal of North American Benthological Society，27：932-948.

Herzenstein S M，1888. Fische [A] //Wissenschaftliche resultate der von N. M. Przewalski nach Central-Asien unternommenen reisen. Zoologischer Theil，Band III，Abth 2：1-91.

Hora S L，1935. Notes on fishes in the Indian Museum. 24. Loaches of the genus *Nemachilus* from Eastern Himalayas，with the description of a new species from Burma and Siam [J]. Rec. India Mus，37：49-67.

Hora S L，1937. Comparison of the fish faunas of the northern and southern faces of the Great Himalayan Range [J]. Rec. India Mus，39（3）：241-250.

James R Karr，2006. Seven foundations of biological monitoring and assessment [J]. Biologia Ambientale，20（2）：7-18.

Johnson S L，Ringler N H，2014. The response of fish and macroinvertebrate assemblages to multiple stressors：a comparative analysis of aquatic communities in a perturbed watershed（Onondaga Lake，NY）[J]. Ecological Indicators，41（6）：198-208.

Karr J P，1981. Assessment of biotic integrity using fish communities [J]. Fisheries，6（6）：21-27.

Karr J R，Chu E W，1999. Restoring life in running waters：better biological monitoring [M]. Washington DC：Island Press.

Karr J R，Dudley D R，1981. Ecological perspective on water quality goals [J]. Environ Manage，5：

55-68.

Karr J R, Fausch K D, Angermeier P L, et al., 1986. Assessing biological integrity in running waters: a method and its rationale [J]. Illinois Natural History Survey Special Publication, 5: 1-28.

Kim J H, Oh H M, Kim I S, et al., 2013. Ecological health assessments of an urban lotic ecosystem using a multi-metric model along with physical habitat and chemical water quality assessments [J]. Int J Environ Res, 7 (3): 659-668.

Krebs C J, 1989. Ecological methodology [M]. New York: Harper Collins.

Lane C R, Brown M T, 2007. Diatoms as indicators of isolated herbaceous wetland condition in Florida, USA [J]. Ecol Ind, 7: 521-540.

Li W W, Liu Y, Xu Q H, 2016. Complete mitochondrial genome of *Schizothorax nukiangensis* Tsao (Cyprinidae: *Schizothorax*) [J]. Mitochondrial DNA Part A: DNA Mapping Sequencing &. Analysis, 27 (5): 3549-3550.

Li X Q, Chen Y F, 2009. Age structure, growth and mortality estimates of an endemic *Ptychobarbus dipogon* (Regan, 1905) (Cyprinidae: Schizothoracinae) in the Lhasa River, Tibet [J]. Environ Biol Fish, 86 (1): 97-105.

Ligeiro R, Hughes R M, Kaufmann P R, et al., 2013. Defining quantitative stream disturbance gradients and the additive role of habitat variation to explain macroinvertebrate taxa richness [J]. Ecol Ind, 25: 45-57.

Maxted J R, Renfrow R, 2000. Assessment framework for mid-Atlantic coastal plain streams using benthic macroinvertebrates [J]. J North Am Benthol Soc, 19 (1): 128.

Mayr E, Linsley E G, Usinger R L, 1953. Methods and principles of systematic zoology [J]. Geological Magazine, 90 (5): 374.

Mereta S T, Boets P, Meester L D, et al., 2013. Development of a multimetric index based on benthic macroinvertebrates for the assessment of natural wetlands in Southwest Ethiopia [J]. Ecological Indicators, 29 (6): 510-521.

Mirza M R, 1975. Freshwater fishes and zoogeography of Pakistan [J]. Bijdragen Tot de Dierkunde, 45 (2): 144-180.

Motta P J, Clifton K B, Hernandez P, et al., 1995. Ecomorphological correlates in ten species of subtropical seagrass fishes: diets and microhabitat utilization [J]. Environmental Biology of Fishes, 44 (1): 37-60.

Pielou E C, 1966. The measurement of diversity in different types of biological collections [J]. Journal of Theoretical Biology, 13 (1): 131-144.

Piet G J, 1998. Ecomorphology of a size-structured tropical freshwater fish community [J]. Environmental Biology of Fishes, 51 (1): 67-86.

Post D M, 2002. Suing stable isotopes to estimate trophic position: model, methods, and assumptions [J]. Ecology, 83 (3): 703-718.

Pyke G H, 1984. Optimal foraging theory: a critical review [J]. Annual Review of Ecology and Systematics, 15 (1): 523-575.

Regan C T, 1905. Descriptions of five new cyprinid fishes from Lhasa, Tibet, collected by Captain HJ

Waller，IMS [J] . Annals and Magazine of Natural History，15 (86)：185-188.

Regan C T，1905. Descriptions of two new cyprinid fishes from Tibet [J] . Ann. Mag. Nat. Hist.，15 (7)：300-301.

Regan C T，1914. Two new cyprinid fishes from Waziristan，collected by Major G. E. Bruce [J] . Ann. Mag. nat. Hist.，13 (8)：261-262.

Rohm C M，Omernik J M，Woods A J，et al.，2002. Regional characteristics of nutrient concentrations in streams and their application to nutrient criteria development [J] . J. Am. Water Resour. Assoc.，38：213-239.

Ross S T，1986. Resource partitioning in fish assemblages：a review of field studies [J] . Copeia (2)：352-388.

Shannon C E，1948. A mathematical theory of communication [J] . Bell System Technical Journal，27 (4)：623-656.

Smith R A，Alexander R B，Schwarz G E，2003. Natural background concentrations of nutrients in streams and rivers of the conterminous United States [J] . Environ. Sci. Technol.，37：3039-3047.

Stewart F H，1911. Notes on Cyprinidae from Tibet and the Chumbivalley，with a description of a new species of *Gymnocypris* [J] . Rec. Ind. Mus，6：73-92.

Suplee M W，Varghese A，Cleland J，2007. Developing nutrient criteria for streams：an evaluation of the frequency distribution method [J] . J. Am. Water Resour. Assoc.，43：453-472.

Svanbäck R，Bolnick D I，2007. Intraspecific competition drives increased resource use diversity within a natural population [J] . Proceedings Biological Sciences，274 (1611)：839-844.

Thomas W Schoener，1970. Nonsynchronous spatial overlap of lizards in patchy habitats [J] . Ecology，51 (3)：408-418.

Usepa，2000. Ambient Water Quality Criteria Recommendations：Information Supporting the Development of State and Tribal Nutrient Criteria for Rivers and Streams in Nutrient Ecoregion：I-XIV [M] . Washington DC：United States Environmental Protection Agency.

Wallace R K，1981. An assessment of diet-overlap indexes [J] . Transactions of the American Fisheries Society，110 (1)：72-76.

Weigel B M，Dimick J J，2011. Development，validation，and application of a macroinvertebrate-based index of biotic integrity for nonwadeable rivers of Wisconsin [J] . Journal of the North American Benthological Society，30 (3)：665-679.

William M，Lewts J R，Stephen K，et al.，2000. Ecological determine-ism on the Ofinolo floodplain [J]. Bio Sci，50 (8)：681-692.

Wright J F，Sutcliffe D W，Furse M T，2000. Assessing the biological quality of freshwaters：RIVPACS and other techniques [M] . Ambleside：Freshwater Biological Association.

附图 1　2017 年野外调查人员合影（一）

附图 2　2017 年野外调查人员合影（二）

附图 3　2018 年野外调查人员合影

附图 4　怒江源头河道形态

附图 5　那曲采样断面

附图 6　比如采样断面

附图 7　比如吉前电站

附图 8　边坝采样断面

附图 9　洛隆采样断面

附图 10　八宿大桥下游 3km 处江心滩

附图 11　察瓦龙乡采样断面

附图 12　刺网采样

附图 13　地笼采样

附图 14　潜在产卵场

附图 15　怒江裂腹鱼

附图 16　裸腹叶须鱼

附图 17　热裸裂尻鱼

附图 18　缺须盆唇鱼

附图 19　贡山鮡

附图 20　扎那纹胸鮡